中等职业学校计算机系列教材

zhongdeng zhiye xuexiao jisuanji xilie jiaocai

Internet 基础与操作

张书钦 主编　潘磊 赵明 副主编

人民邮电出版社

北京

图书在版编目（CIP）数据

Internet基础与操作 / 张书钦主编. -- 北京：人
民邮电出版社，2009.11
（中等职业学校计算机系列教材）
ISBN 978-7-115-21323-5

Ⅰ. ①I… Ⅱ. ①张… Ⅲ. ①因特网－专业学校－教
材 Ⅳ. ①TP393.4

中国版本图书馆CIP数据核字(2009)第182313号

内 容 提 要

本书以 Internet 的操作为主线，结合实例，首先介绍 Internet 的发展概况、基础知识、接入方式，然后介绍 Internet 上的电子邮件、资源搜索、即时通信等常用服务，以及流行工具软件的使用，最后介绍电子商务、网上娱乐等新兴应用以及保障网络安全的方法。

本书根据中等职业学校学生的学习特点，采用"案例教学"的形式，注重实践应用环节的教学训练。内容系统、实例丰富、图文并茂、浅显易懂，注重理论联系实际。

本书可以作为中等职业学校计算机应用、文秘、电子商务等专业的教材，也可以作为计算机网络基础与 Internet 操作应用的培训教材，同时还可以作为广大 Internet 初学者的自学参考书。

中等职业学校计算机系列教材

Internet 基础与操作

- ◆ 主　　编　张书钦
  　副主编　潘　磊　赵　明
  　责任编辑　王　平

- ◆ 人民邮电出版社出版发行　　北京市崇文区夕照寺街 14 号
  　邮编　100061　电子函件　315@ptpress.com.cn
  　网址　http://www.ptpress.com.cn
  　中国铁道出版社印刷厂印刷

- ◆ 开本：787×1092　1/16
  　印张：12.75
  　字数：304 千字　　　　　　2009 年 11 月第 1 版
  　印数：1－3 000 册　　　　2009 年 11 月北京第 1 次印刷

ISBN 978-7-115-21323-5

定价：22.00 元

读者服务热线：(010)67170985　印装质量热线：(010)67129223
反盗版热线：(010)67171154

序

中等职业教育是我国职业教育的重要组成部分，中等职业教育的培养目标定位于具有综合职业能力，在生产、服务、技术和管理第一线工作的高素质的劳动者。

中等职业教育课程改革是为了适应市场经济发展的需要，是为了适应实行一纲多本，满足不同学制、不同专业和不同办学条件的需要。

为了适应中等职业教育课程改革的发展，我们组织编写了本套教材。本套教材在编写过程中，参照了教育部职业教育与成人教育司制订的《中等职业学校计算机及应用专业教学指导方案》及职业技能鉴定中心制订的《全国计算机信息高新技术考试技能培训和鉴定标准》，仔细研究了已出版的中职教材，去粗取精，全面兼顾了中职学生就业和考级的需要。

本套教材注重中职学校的授课情况及学生的认知特点，在内容上加大了与实际应用相结合案例的编写比例，突出基础知识、基本技能，软件版本均采用最新中文版。为了满足不同学校的教学要求，本套教材采用了两种编写风格。

- "任务驱动、项目教学"的编写方式，目的是提高学生的学习兴趣，使学生在积极主动地解决问题的过程中掌握就业岗位技能。
- "传统教材+典型案例"的编写方式，力求在理论知识"够用为度"的基础上，使学生学到实用的基础知识和技能。
- "机房上课版"的编写方式，体现课程在机房上课的教学组织特点，学生在边学边练中掌握实际技能。

为了方便教学，我们免费为选用本套教材的老师提供教学辅助资源，包括内容如下。

- 电子课件。
- 按章（项目或讲）提供教材上所有的习题答案。
- 按章（项目或讲）提供所有实例制作过程中用到的素材。书中需要引用这些素材时会有相应的叙述文字，如"打开教学辅助资源中的图片'4-2.jpg'"。
- 按章（项目或讲）提供所有实例的制作结果，包括程序源代码。
- 提供两套模拟测试题及答案，供老师安排学生考试使用。

老师可登录人民邮电出版社教学服务与资源网（http://www.ptpedu.com.cn）下载相关教学辅助资源，在教材使用中有什么意见或建议，均可直接与我们联系，电子邮件地址是 wangyana@ptpress.com.cn，wangping@ptpress.com.cn。

中等职业学校计算机系列教材编委会

2009 年 7 月

前　言

随着 Internet 的飞速发展和个人计算机的普及，越来越多的人开始通过网络进行学习、办公、娱乐、交流等活动。Internet 的重要性已被越来越多的人所认识，人们迫切需要了解 Internet 基础与操作的知识。目前，我国很多中等职业学校的计算机相关专业都将"Internet 基础与操作"作为一门重要的专业课程。编写本书是为了帮助中等职业学校的教师比较全面、系统地讲授这门课程，使学生能够熟练地掌握相关操作。

本书通过大量的案例和实训，介绍 Internet 的操作方法，以加深学生对相关知识的理解。

全书共分为 9 章，本课程的建议教学时数为 54 课时，各章的主要内容及课时分配见下表。

章　节	课　程　内　容	课 时 分 配
第 1 章	Internet 基础：介绍 Internet 的起源和特点，通过 ADSL、局域网接入 Internet 的方法，以及几种常用的 Internet 服务	6
第 2 章	浏览器：介绍浏览网页、保存网页的方法，以及 IE 7.0 的使用和 WWW 服务等知识	6
第 3 章	电子邮件：介绍免费电子邮箱原理，以及 Foxmail 的使用	6
第 4 章	网络资源搜索：介绍资源搜索方式、搜索引擎的原理和使用以及一些常用的搜索技巧	6
第 5 章	网络资源下载：介绍网上资源下载方法、FTP 和 P2P 的技术原理以及 CuteFTP Pro、迅雷等常用下载工具的使用方法	6
第 6 章	即时通信：介绍即时通信的基本原理以及 QQ、NetMeeting、Skype 等即时通信工具的使用方法	6
第 7 章	电子商务：介绍电子商务的基本概念、主要的电子商务平台，以及网上购物和网上开店的方法	6
第 8 章	Internet 休闲与娱乐：介绍在线观看视频、欣赏歌曲、开设个人博客的方法，以及 PPLive、酷狗等软件的使用	6
第 9 章	网络安全概述：介绍网络安全的基本概念，以及杀毒软件、防火墙等安全工具的使用	6
课 时 总 计		54

本书由张书钦主编，潘磊、赵明任副主编，参加本书编写工作的还有陈帅、李金武、沈精虎、黄业清、宋一兵、谭雪松、向先波、冯辉、计晓明、滕玲、郝庆文、董彩霞等。

由于编者水平有限，书中难免存在疏漏之处，敬请各位读者指正。

编者
2009年7月

目　录

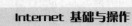

第1章 Internet 基础

本章主要介绍完成上网的第一步工作，即通过 ADSL、局域网接入 Internet 的方法。通过本章的学习，可以为学习本书的后续内容打下基础。

学习目标

了解 Internet 的发展和特点。

熟悉 4 种比较常用的 Internet 服务。

掌握计算机网络基础知识。

掌握使用 ADSL 接入 Internet 的方法。

掌握通过局域网接入 Internet 的方法。

1.1 Internet 的发展和特点

进入 21 世纪，人们开始选择通过"上网"进行学习、办公、娱乐、交流等活动。这里的"上网"指的就是连接到 Internet 上享受 Internet 提供的各种服务。Internet 又称因特网，是当前全球最大的网络，它汇集了世界范围内的信息资源。一旦连接到了 Internet 上，就可以跨越空间的限制，和世界范围内的用户进行信息资源的交流和共享。

1.1.1 Internet 的发展过程

从 1969 年 Internet 最初的雏形产生到现在，Internet 已经有了 40 余年的发展历史，其主要发展过程如图 1-1 所示。

纵观 Internet 40 余年的发展过程，不断有新的网络取代旧的网络，Internet 也从最初的 4 个节点，发展成为现在全世界规模最大的计算机网络。尤其在 Internet 彻底商业化之后，随着计算机硬件技术和通信技术的大发展，人类社会正在从工业社会向信息社会过渡。人们对信息的认识以及对信息资源的开发和使用越来越重视，这些都推动着 Internet 的快速发展。

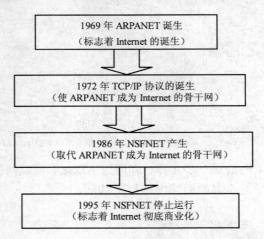

图1-1　Internet 的主要发展过程

20 世纪 90 年代中期，当时的美国总统克林顿提出了以 Internet 为雏形，兴建信息时代的高速公路——"信息高速公路"计划。信息高速公路就是利用数字化大容量的光纤通信网络，构建连接政府机构、各大学、研究机构、企业、普通家庭之间的计算机网络。信息高速公路的建成，将改变人们的生活、工作和相互沟通的方式，加快科技交流，提高工作质量和效率，享受影视娱乐、遥控医疗，实施远程教育，举行视频会议，实现网上购物等。我国也已经把信息高速公路建设列入"863"高新技术开发计划。

Internet 的出现改变了人们的生活、工作和相互交流的方式，它带来了比工业化革命更为深刻的影响，人类社会正在向信息化社会大步迈进。

1.1.2　Internet 的特点

Internet 早期的一些应用由于各种原因逐渐被历史淘汰，一些应用通过不断地吸取新的技术，获得人们的认可并被广泛地应用，而新的应用也在不断地涌现。通过不断的吐故纳新，Internet 逐渐形成了自己的特点，其主要特点表现在以下 4 个方面。

1.　Internet 的开放性

Internet 是开放的，可以自由地接入。只要拥有一台配置有网卡的计算机，就可以在世界上任何一个有 Internet 接口的地方，通过有线或者无线的方式接入 Internet。任何人都可以在 Internet 上发表自己的观点和看法，人们可以通过博客发布自己的观点，通过即时通信软件相互交流，也可以共享各自的软件资源，人人都可以是这个网络的中心，没有国界和等级的限制。

2.　Internet 资源的丰富性

Internet 是由各个国家的网络汇集在一起构成的。不同国家的不同用户把不同的信息资源发布到 Internet 上，其他的用户发现自己感兴趣的资源后可以进行下载，这些信息资源大部分都是免费的。还有一些公司通过在 Internet 上为用户提供信息资源而获取利益，但这些信息资源大部分都是收费的。正是这些信息资源相互共享的过程，极大地丰富了 Internet 上信息资源的数量。图 1-2 所示为使用迅雷下载多媒体资源。

图1-2　使用迅雷下载软件 QQ 2009

3. Internet 的交互性

由于信息在网络上传输的速度非常迅速，当用户使用 QQ、MSN 等即时通信软件进行交流时，很快就可以得到对方的反馈，这就是一个双方交互的过程。另外，当用户单击网页上的一个链接时，可以访问自己感兴趣的网页。

4. Internet 的虚拟性

Internet 通过对信息的数字化处理，使得 Internet 通过虚拟技术具有许多在现实中才有的传统功能。比如，在传统生活中，用户都会去商场购物，然而随着电子商务技术的发展，越来越多的人开始选择通过 Internet 购物。国内主要的网上交易平台有阿里巴巴的淘宝网、腾讯的拍拍网等。用户通过网上交易平台购物后，无论是作为买方还是买方，相互之间都会给出信用评价。若用户的信用等级过低，就不再有其他用户愿意与其交易。图 1-3 和图 1-4 所示为在淘宝网上选购《西游记》。

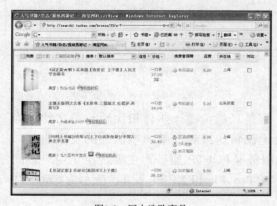

图1-3　网上选购商品

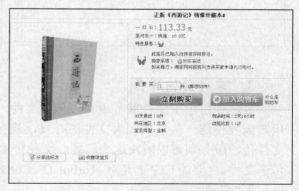

图1-4　查看商品详细信息

除了上述 4 种特点，Internet 还有很多其他的特点，如 Internet 的平等性、自由性、国际性。要想更好地了解 Internet 的各种特点，最好的办法就是学习完本课程知识点之后，到 Internet 上去实际动手操作一番，只有这样才可以体会到 Internet 无穷无尽的魅力。

1.1.3 常用的 Internet 服务

在 Internet 上获得的各种资源都可以认为是 Internet 提供的服务。但是有很多用户对 Internet 服务的认识不够全面，简单地认为 Internet 服务就是浏览网页，其实通过浏览网页获取信息只是 Internet 服务的冰山一角。下面认识一下常用的 4 种 Internet 服务。

1. WWW 服务

WWW 服务是指 Internet 提供给用户的浏览网页的服务，用户可以通过浏览网页获得信息。WWW 服务是 Internet 上使用最为广泛的服务，与传统的信息传递方式相比，WWW 服务可以通过多媒体（如文本、图片、音频、视频）传递信息，增强了信息的直观性和趣味性。同时，WWW 服务也使得信息发布具有更好的实时性。

2. 电子邮件服务

电子邮件（E-mail）的出现，使得人们不再需要走进邮局寄发信件，用户只需用鼠标轻轻地一点，所要寄发的信件就可以通过 Internet 发送给收信人。从发信人发送信件到收信人收到信件的整个过程只需几分钟，甚至更短。信件可以是文本格式的，还可以通过添加附件的方法发送图片、音频、视频。目前比较流行的免费电子邮箱主要有谷歌的 Gmail 邮箱，网易的 163 邮箱和 126 邮箱等。电子邮件服务商还会提供一些自己的特色服务来吸引用户的使用，如日程短信提醒、邮箱音乐盒等。图 1-5 和图 1-6 所示分别为电子邮件的主界面和电子邮箱的特色服务。

图1-5　电子邮件主界面

图1-6　163 邮箱的百宝箱服务

3. 文件传输服务

虽然使用电子邮件服务也可以传递文件，但是只能传递一些体积比较小的文件，当用户需要传送一些体积较大文件的时候，就会无法传送或者严重影响信件的发送速度，文件传输服务则可以解决这个问题。文件传输服务又称 FTP 服务，主要应用于用户之间传送文件。主要的 FTP 工具有 TurboFTP、CuteFTP Pro、FlashFXP 等。图 1-7 所示为 CuteFTP Pro 的主界面。

4. 即时通信服务

在 Internet 上传输信息最大的优点就是速度快。无论两个用户相隔多远，Internet 都可以在几秒内把信息从地球的一端传送到地球的另一端。主要的即时通信服务有网络视频直播、网络电话、网络聊天等。目前比较常用的即时通信软件有微软的 MSN、腾讯的 QQ、TOM 的 Skype 等。

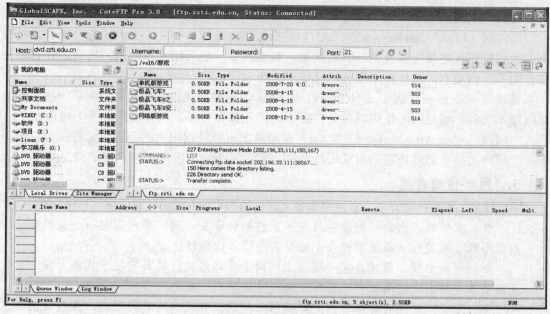

图1-7　CuteFTP Pro 工具

这 4 种服务基本满足了用户在日常生活中对 Internet 的需求。当然 Internet 提供给用户的服务远远不止这 4 种，还有很多个性化的服务，如在线网络游戏服务等。了解一些常用的 Internet 服务，会对用户的学习和生活提供很大的方便。

要点提示

　　Internet 虽然给用户的生活和学习带来了方便，但也使得一些不良的信息很容易地大肆传播。用户应该文明上网，合理控制自己的上网时间，利用 Internet 多做一些有意义的事情。

1.1.4　计算机网络的基础知识

　　在接入 Internet 之前，读者需要了解一些计算机网络的基础知识，这会对读者理解 Internet 的工作原理和功能有很大的帮助。

1．计算机网络

　　计算机网络是一个很宽泛的概念。两台计算机通过双绞线连接起来，可以叫做计算机网络。两个国家的网络通过光纤连接起来，也可以叫做计算机网络。本书认为"把地理位置不同的且具有独立功能的多台计算机，通过通信线路和通信设备连接起来，在网络软件的管理下，实现资源共享和数据传输的计算机系统"都是计算机网络。其中，Internet 把各个国家的计算机网络连接到一起，使不同国家的用户可以通过 Internet 相互交流和共享资源，是目前世界上最大的计算机网络。

2. 计算机网络的分类

按照网络规模的大小和计算机之间互联的距离可将计算机网络划分为 3 类：局域网、城域网、广域网。

局域网（Local Area Network，LAN）是指范围在几百米到几千米内的办公楼群或校园内的计算机相互连接所构成的计算机网络。局域网中一般采用共享信道，所有的计算机都接在同一条电缆上，其拓扑结构包括总线型、环型等。

城域网（Metropolitan Area Network，MAN）的规模要比局域网稍大，所采用技术和局域网基本类似。城域网不仅可以覆盖相距不远的几栋办公楼，还可以覆盖一个城市。

广域网（Wide Area Network，WAN）在距离上可以跨越很大的范围，如跨国，甚至跨洲。广域网之间可通过特定的方式进行互联，实现了不同地区局域网之间的信息共享。

3. 网络传输介质

顾名思义，网络传输介质是指网络设备之间传输信号的介质。常见的网络传输介质如下。

❖ 双绞线，由两根绝缘导线按一定扭矩绞合在一起，并放置在一个保护套内便形成了双绞线。双绞线适合于短距离通信，价格较便宜。

❖ 同轴电缆，由绕在同一轴线上的两个导体组成。其具有抗干扰能力强，连接简单等特点。但同轴电缆价格较高，安装时不太方便。

❖ 光纤，由光导纤维纤心、玻璃网层和能吸收光波的外壳组成。其具有抗干扰能力强，无限制带宽的特点，但价格昂贵。

❖ 无线电波，卫星接收来自地面发送站发出的电磁波信号后，再以广播方式向地面发回。其具有通信距离远，可靠性高，通信容量大的特点，但保密性较差。

❖ 微波，适用于将两建筑物内的局域网连接。微波存在窃听和干扰的问题，而且方向性不及红外线和激光，但红外线和激光容易受天气因素影响。

❖ 红外线，通过发射和接收由信号调制的非相干红外线形成一条通信链路。这种通信系统具有很强的方向性，要进行窃听和干扰是十分困难的，但传输距离较短，传输速率较低。

❖ 激光，和红外线的通信原理基本一致。但由于激光器件能产生低量放射线，故需要有防护措施。图 1-8、图 1-9 和图 1-10 所示为常见的 3 种传输介质。

图1-8　双绞线

图1-9　同轴电缆

图1-10　光纤跳线

4. 网络连接设备

❖ 中继器，用于将局域网内两段相同的电缆连接到一起的简单互联设备。它可以将信号放大，从而使信号传输得更远。

❧ 集线器，对于星型拓扑结构的网络，所有要连接的设备的电缆都连接在集线器上。其作用可简单地理解为将一些计算机连接起来组成局域网。

❧ 网桥，可以放大传输的信号，但限制了一些无关信息的传输，包括信息从局域网到局域网和从局域网到广域网的顺利传输。

❧ 路由器，比网桥更为智能，它决定信息在网络上能够通过的最佳路径，能对不同网络或网段之间的数据信息进行"翻译"，是互联网络不可缺少的网络设备之一。

❧ 网关，用于连接两个完全不同的网络，它主要使用软件"翻译"。网关是最为昂贵、最为复杂的互联设备。

5. 开放系统互连参考模型

开放系统互连参考模型（Open System Interconnection，OSI）由 ISO 组织于 1981 年制定。OSI 把网络通信的工作分为 7 层，它们由低到高分别是物理层（Physical Layer），数据链路层（Data Link Layer），网络层（Network Layer），传输层（Transport Layer），会话层（Session Layer），表示层（Presentation Layer）和应用层（Application Layer）。第 1 层到第 3 层属于 OSI 参考模型的低 3 层，负责创建网络通信连接的链路；第 4 层到第 7 层为 OSI 参考模型的高 4 层，具体负责端到端的数据通信。每层完成一定的功能，每层都直接为其上层提供服务，并且所有层次都互相支持，而网络通信则可以自上而下（在发送端）或者自下而上（在接收端）双向进行，如图 1-11 所示。

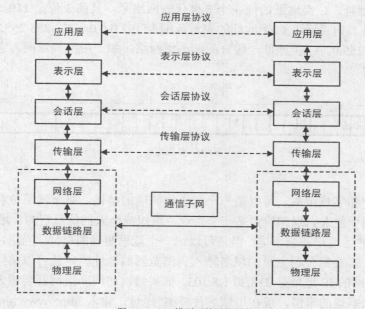

图1-11 OSI 模型下的网络通信

6. TCP/IP

TCP/IP 的中文译名是传输控制协议/互联网络协议，是 Internet 最基本的协议。通俗地说，TCP 负责控制传输数据，一旦发现数据在传送过程中出现了问题，会给源主机返回一个信号，要求重新传输数据。IP 负责给 Internet 上的每一台主机分配一个地址（相当于用户的身份证号），以保证数据可以准确地找到目的主机。

7. IP 地址及其分类

目前的 IP 地址采用 32 位的二进制地址，为了便于记忆，用小圆点将 32 位地址分为 4 个部分，每部分 8 位。每部分也可以用十进制数表示，其范围是 0～255，如 192.168.0.1。一般将 IP 地址按计算机所在网络规模的大小分为 A、B、C 3 类，划分规则如下。

（1）A 类地址。A 类地址的高 8 位代表网络号，且第一位为 0，后 3 个 8 位代表主机号，如图 1-12 所示。A 类地址的表示范围为 0.0.0.0～126.255.255.255，默认的子网掩码为 255.0.0.0。A 类地址一般分配给具有大量主机而局域网个数较少的大型网络。

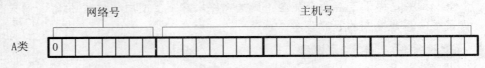

图1-12　A 类地址

（2）B 类地址。B 类地址的前两个 8 位代表网络号，且前两位为 10，后两个 8 位代表主机号，如图 1-13 所示。B 类地址的表示范围为 128.0.0.0～191.255.255.255，默认子网掩码为 255.255.0.0。B 类地址一般分配给中型网络。

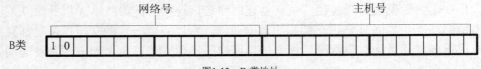

图1-13　B 类地址

（3）C 类地址。C 类地址的前 3 个 8 位代表网络号，且前 3 位是 110，后一个 8 位代表主机号，如图 1-14 所示。C 类地址的表示范围为 192.0.0.0～223.255.255.255，默认子网掩码为 255.255.255.0。C 类地址一般分配给小型网络，如一般的局域网，它可以连接的主机数量是最少的。

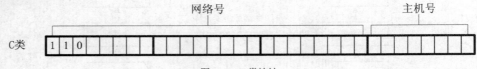

图1-14　C 类地址

8. 域名

域名由数字和字母组成，可以是一个意思很明确的单词，是上网单位和个人在网络上的重要标识，便于他人识别和检索某一个企业、组织或个人的信息资源。用户不可能把 32 位的 IP 地址都熟悉地记在脑子里，但是可以记一个意思明确的单词。当用户要访问某一个公司的主页时，需要把公司主页的域名输入到浏览器的地址栏，就可以访问该公司的主页了。比如，新浪网的 IP 地址是 218.30.1.8.103，如果每次访问新浪网都要输入这么长一串数字，是一件多么麻烦的事情，现在用域名代替 IP 地址，输入 http://www.sina.com，就可以访问新浪网了。

域名可以分为不同级别，包括顶级域名、二级域名等。顶级域名又可分为两类：一是国家顶级域名，例如，中国是 cn，美国是 us 等；二是国际顶级域名，例如，代表工商企业的 com，表示网络提供商的 net 等。二级域名是指顶级域名下的域名，在国际顶级域名下，它是指域名注册人的网上名称，如 Microsoft 等；在国家顶级域名下，它表示注册企业类别的符号，如 com、edu、gov 等。

9. Byte 和 bit

Byte 和 bit 同译为"比特"，都是数据量度单位。bit 被称为"位"，Byte 被称为"字节"，1Byte=8bit，如硬盘容量 40GB，这里的 B 指的就是 Byte。（1KB=1024Byte，1MB=1024KB，1GB=1024MB）。而带宽 16Mbps 指的是"16Mbit/s"，它等于"2MB/s"，即 16Mbit/s 的传输速度等于 2MB/s。

以上这些概念是用户经常会遇到的，掌握这些概念可以帮助用户避免在看一些相关资料时有坠入雾里、不知所云的情况。

【知识拓展】——计算机网络的起源

1623 年德国科学家契克卡德（W. Schickard）制造了人类有史以来第一台机械计算机，这台机器能够进行 6 位数的加减乘除运算，如图 1-15 所示。到 1946 年第一台电子计算机诞生，其间制造的各种机械型或机电型的计算机，包括第一台电子计算机及初期的几台计算机，都仅仅是一种计算工具，仅仅帮助人们完成繁杂的计算任务。

第一台电子计算机（见图 1-16）的诞生，还要追溯到第二次世界大战时期。为了研究新式武器，越来越多的复杂数据需要通过计算完成，于是军方迫切需要一种可以快速进行复杂计算的机器。美国在 1946 年制成了世界上第一台电子计算机 ENIAC，ENIAC 使用了大约 18 000 个电子管，重 30 多吨，消耗功率 18 万瓦，这么一个庞大的机器却正是现在计算机发展的原形。

图1-15　第一台机械计算机

图1-16　第一台电子计算机

20 世纪 50 年代初，美国为了防止被对手偷袭，于是在美国本土北部和加拿大境内，建立了一个半自动地面防空系统，简称 SAGE 系统，中文叫赛琪系统。

在赛琪系统中，位于加拿大边境地带的警戒雷达站负责收集数据，如天空中飞机目标的方位、距离和高度等信息。并通过雷达录取设备自动将这些信息录取下来，并转换成二进制的数字信号，然后通过数据通信设备将信息传送到北美防空司令部的信息处理中心。

在北美防空司令部的信息处理中心有数台大型的电子计算机会自动地接收这些信息，并对数据进行加工处理后计算出飞机的飞行航向、飞行速度和飞行的瞬时位置。还会自动地判别出是不是入侵的敌机，并将这些信息迅速传到空军和高炮部队，使它们有足够的时间做战斗准备。

在赛琪系统中，首次将计算机和通信设备结合起来使用，实现了不同地方之间的数据传输，可以说是计算机网络的鼻祖。美国军方可能也没想到，他们的这个创新，会成为实现人类一直以来把世界变成"地球村"梦想的起点，并从此改变了人类的通信习惯。

1.2 接入 Internet

本部分开始介绍接入 Internet 的方法，以及接入 Internet 前需要做的准备工作，相关硬件的安装和软件的设置。通过接入 Internet，可以知道 Internet 是如何为用户服务的，以及个人计算机是如何加入到 Internet 的。

1.2.1 Internet 接入技术

随着传输介质的不断变化，Internet 的接入技术也一直在发展。从传统的双绞线到今天的无线，数据的传输速度越来越快，人们对接入技术的可选择空间也大了许多。现在的接入方式按照接入的线路类型可以分为公共交换电话网（PSTN）拨号方式、综合业务数字网（ISDN）拨号方式、数字数据网（DDN）专线方式、非对称数字用户专线（ADSL）方式、有线电视等。

1. 公共交换电话网（PSTN）拨号方式

PSTN 拨号上网是利用调制解调器拨号实现用户接入 Internet 的方式，目前最高的速率为 56kbit/s，其理论速率仅为 7kbit/s，这种速率远远不能够满足宽带多媒体信息的传输需求。但是由于电话网的普及，用户终端设备 Modem 也十分便宜，而且不用申请就可开户。只要有一台计算机、一台调制解调器（Modem），用户就可以把电话线接入 Modem 直接上网。

随着宽带的发展与普及，这种上网方式现在几乎已经被淘汰，图 1-17 所示为普通电话接入方式示意图。

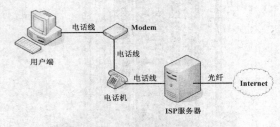

图1-17 普通电话接入方式

2. 综合业务数字网（ISDN）拨号方式

ISDN 接入技术俗称"一线通"，它采用数字传输和数字交换技术，将电话、传真、数据、图像等多种业务综合在一个统一的数字网络中进行传输和处理。ISDN 基本速率接口有两条 64kbit/s 的信息通路和一条 16kbit/s 的信息通路，简称 2B+D，ISDN 可以根据网络的需求自动增加或断开一个 B 信道，以节约通信费。通过呼叫碰撞功能，可在有外来电话拨入时，自动将一个 B 信道转为电话信道，用户即可同时打电话与上网。利用一条 ISDN 用户线路，可以在上网的同时拨打电话、收发传真，就像两条电话线一样。

ISDN 最大仅能提供 128kbit/s 的传输速率，仍然无法满足人们对带宽的需求。而且若采用两个 B 通道同时上网，费用仍较高。图 1-18 所示为 ISDN 接入方式示意图。

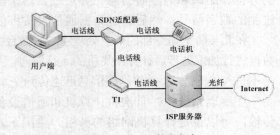

图1-18 ISDN 接入方式

3. 数字数据网（DDN）专线方式

DDN 接入技术主要面向集团公司等需要综合运用的单位。它向用户提供永久性和半永久性连接的数字数据传输信道，既可用于计算机之间的通信，也可用于传送数字化传真、数字语音、数字图像信号或其他的数字化信号。永久性连接的数字数据传输信道是指用户建立固定连接，传输速率不变的独占带宽的电路。半永久性连接的数字数据传输信道对用户来说是非交换性的，但用户可以提出申请，由网络人员对其提出的传输速率、传输数据的路由进行修改。

DDN 的收费一般采用包月制和流量制，其费用是较贵的，普通个人用户负担不起。例如，在中国电信申请一条 128kbit/s 的区内 DDN 专线，月租费大约为 1 000 元。

4. 非对称数字用户专线（ADSL）方式

ADSL 是一种通过现有普通电话线提供高速数据传输，宽带接入 Internet 的业务。ADSL能在普通电话线上提供最高可达 8Mbit/s 的高速数据下载，而上行速率最高可达 640kbit/s，传输距离达 3km～5km，图 1-19 所示为ISDN 接入方式示意图。

ADSL 技术最初主要是针对视频点播业务开发的，随着技术的发展，逐步成为了主流的宽带接入技术。并以其较高的性价比和超高速的网络服务，越来越受到人们的欢迎。

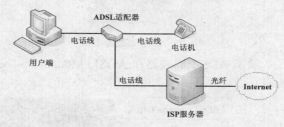

图1-19 ADSL 接入方式示意图

5. 有线电视网

有线电视网利用现成的有线电视网络进行数据传输，它采用模拟传输协议，通过有线电视的某个传输频率进行传输，并通过专门的 Cable-Modem 进行调制解调。其最高上传速率可达 40Mbit/s，最高下载速率可达 2Mbit/s。

不过，由于有线电视网络采用的是相对落后的总线型网络结构，用户之间要共享有限的带宽，可能会影响用户的上网速度。

1.2.2 ADSL 接入方式

ADSL 接入方式是现在最为流行的宽带接入方式，为使读者更好地理解和掌握整个ADSL 宽带网的安装和设置方法，本节将通过一个模拟场景学习 ADSL 宽带网的安装与设置。

【情景模拟】

放假后，勤奋好学的小悟空为方便自己向老师请教问题，准备给家里装上宽带。于是，小悟空准备第二天上午去镇上办理上网业务。

1. 上网前准备

清早，小悟空早早地起了床。吃过早饭后，小悟空带着自己的身份证来到当地小镇上的 Internet 服务提供商（如电信、联通、长城宽带等）的营业厅，申请安装 ADSL 宽带。

营业员阿姨知道小悟空的来意以后，很热情地给了小悟空几张表格，让小悟空填写一些相关的个人信息。小悟空按照营业员阿姨的指导很快填好了表格。

营业员阿姨仔细核对了小悟空的个人信息后，认为小悟空满足安装 ADSL 的条件，告诉小悟空去收费处交纳宽带费用。

交完费之后，营业员阿姨告诉小悟空，安装宽带的吉姆叔叔会在一周内去给小悟空家里安装 ADSL。于是，小悟空和阿姨道别后，高高兴兴地回家了。

2. 硬件安装

第二天，吉姆叔叔就来到了小悟空家。他给小悟空家里装上了电话线，还给小悟空带来了两个神奇的小盒子。吉姆叔叔告诉小悟空这两个小盒子，一个是 ADSL 滤波器，一个是 ADSL Modem，如图 1-20 和图 1-21 所示。

图1-20　ADSL 滤波器

图1-21　ADSL Modem

除了 ADSL 滤波器和 ADSL Modem 外，还需要两根电话线和一根双绞线，如图 1-22 所示。

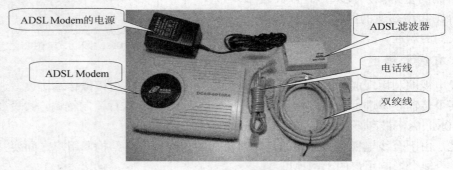

图1-22　安装 ADSL 所需的硬件设备

吉姆叔叔告诉小悟空需要先把有信号的电话线接入到滤波器的信号输入端。另取一根电话线，将该电话线的一端接入滤波器的语音信号输出口，另一端连接电话机，如图 1-23 所示。此时电话机已经能够接听和拨打电话了。

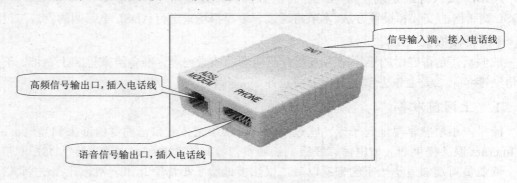

图1-23　滤波器的连接

接下来安装 ADSL Modem。取一根电话线，将该电话线的一端接入到滤波器的高频信号输出出口，另一端接入到 ADSL Modem 的 ADSL 插孔。然后用一根双绞线，一端连接 ADSL Modem 的以太网口，另一端连接计算机网卡接口。

最后，把 ADSL Modem 的电源和计算机的电源都打开，若两边连接网线的接口处对应的 LED 灯都变绿，就说明已经把 ADSL Modem 和计算机连接成功。

小悟空按照吉姆叔叔所说的步骤，完成了安装。打开计算机和 ADSL Modem 电源后，看到网卡和 ADSL Modem 上分别有一个小绿灯亮了起来，小悟空高兴得地跳了起来，这时吉姆叔叔告诉小悟空现在只是完成了一部分，还需要完成对软件的配置才能上网。

3. 软件配置

【操作步骤】

(1) 计算机启动完成后，单击桌面左下角的 开始 按钮，然后选择【所有程序】/【附件】/【通讯】下的 新建连接向导 命令。弹出【新建连接向导】对话框，如图 1-24 所示。

(2) 单击 下一步(N)> 按钮后，弹出如图 1-25 所示的对话框，选择网络连接类型。

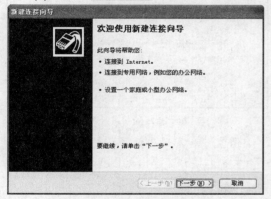
图1-24 【新建连接向导】对话框

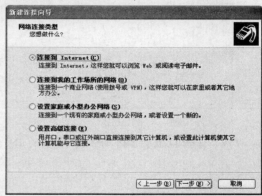
图1-25 选择网络连接类型

(3) 选择第 1 项 连接到 Internet(C) 单选按钮，然后单击 下一步(N)> 按钮，弹出如图 1-26 所示的对话框，选择设置连接的方式。

(4) 选择第 2 项 手动设置我的连接(M) 单选按钮，然后单击 下一步(N)> 按钮，弹出如图 1-27 所示的对话框。

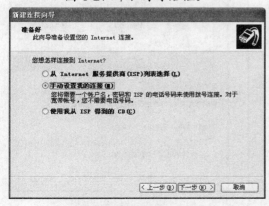
图1-26 选择设置连接的方式

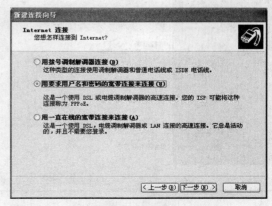
图1-27 选择接入方式

要点提示

【用拨号调制解调器连接（D）】：适用于使用电话线拨号或者 ISDN 上网的情况。

【用要求用户名和密码的宽带连接来连接（U）】：适用于 ADSL 等宽带连接的情况。

【用一直在线的宽带连接来连接（A）】：适用于 DDN 等专线上网的情况。

(5) 选择第 2 项 ⊙用要求用户名和密码的宽带连接来连接(U) 单选按钮，单击 下一步(N) > 按钮，弹出如图 1-28 所示的对话框。

(6) 这里要求输入一个 ISP 的名称，用户可以根据自己的喜好随意输入一个，如"水帘洞"。然后单击 下一步(N) > 按钮，弹出如图 1-29 所示的对话框。

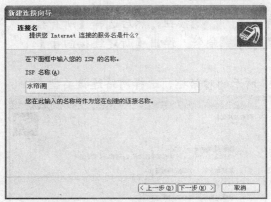
图1-28　创建连接名

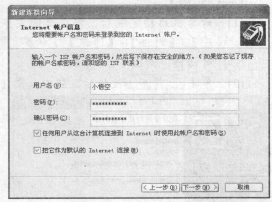
图1-29　输入 Internet 账户信息

(7) 吉姆叔叔把 ISP 分给小悟空的用户名"小悟空"和密码告诉了小悟空，并输入到如图 1-29 所示的对话框中，单击 下一步(N) > 按钮，弹出如图 1-30 所示的对话框。

(8) 选择 ☑在我的桌面上添加一个到此连接的快捷方式(S) 复选框，然后单击 完成 按钮，即完成了连接向导设置。同时桌面上会出现一个宽带连接的快捷图标。双击图标，弹出宽带连接界面如图 1-31 所示。

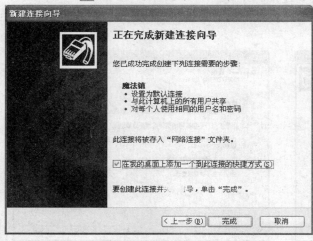
图1-30　完成连接向导

图1-31　宽带连接界面

(9) 吉姆叔叔在密码框中输入刚才的密码，单击 连接(C) 按钮，这样就完成了整个 ADSL 上网的设置部分。

小悟空迫不及待地打开浏览器，果然已经能够打开学校的主页了，小悟空高兴得笑了起来。送走了吉姆叔叔之后，好学的小悟空害怕自己忘了如何设置，赶紧把吉姆叔叔刚才的操作又重新地练习了一遍。

要点提示

这里使用的是 Windows XP 系统平台，如果在 Windows XP 系统以前的系统版本上进行上面的软件配置，需要先安装 PPPoE 软件，然后才能进行配置。由于 Windows XP 以前的系统版本现在使用较少，这里就不再详述。

1.2.3 局域网接入方式

局域网是指在较小距离范围内（如同一办公室、同一公司或者同一建筑物）由多台计算机互联而成的计算机组。在局域网内可以实现应用文件共享、打印机共享、扫描仪共享等功能，节约了购置重复设备的成本，并便于计算机的集中管理。随着无线技术的发展，出现了无线局域网，无线局域网具有和传统有线局域网一样的优点，而且解决了有线网络布线施工难度大、造价高的缺点。一般学校或者单位等计算机数量较多的地方都会选择局域网上网的方式。

1. 组建局域网

组建局域网需要用到路由器、交换机或者集线器等局域网互联设备和采用交叉连接法的双绞线，局域网上网连接示意图如图 1-32 所示。

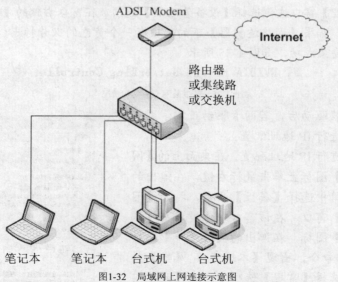

图1-32 局域网上网连接示意图

局域网的组建过程就是将计算机和局域网互联设备（路由器、交换机、集线器等）连接起来。

【操作步骤】

(1) 首先把双绞线的一段插入计算机的网卡，再把双绞线的另一端插入局域网互联设备的数据口，如图 1-33、图 1-34 所示。

图1-33 网卡接口

图1-34 16 口集线器

(2) 局域网互联设备和 ADSL Modem 的连接方法和步骤 (1) 的连接方法一致。

 要点提示

集线器、交换机、路由器的区别：集线器，平分带宽；交换机，共享带宽，但不支持路由；路由器，共享带宽，支持路由。

2. 配置局域网

和 ADSL 上网一样，连接完硬件设备之后，还需对计算机进行相关的设置才能让局域网中的计算机接入 Internet。

(1) 设置前的准备。首先，需要确保计算机的网卡驱动已经正确安装，右键单击【我的电脑】图标，在弹出的快捷菜单中选择【管理】命令，然后在弹出的【计算机管理】窗口左侧选择【设备管理器】选项，在窗口右侧的【网络适配器】中查看，如果【网络适配器】下的选项有一个黄色的叹号标志，说明网卡驱动没有安装成功，如图 1-35 所示。

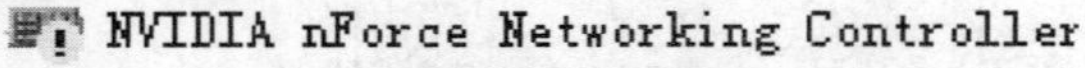

NVIDIA nForce Networking Controller

图1-35 需安装网卡驱动的情况

重新安装驱动后，若网卡驱动正常，则可以开始进行 IP 地址配置。

(2) 对网关进行 IP 地址配置。在桌面上的【网上邻居】图标上单击鼠标右键，在弹出的快捷菜单中选择【属性】命令，打开【网络连接】窗口，在该窗口中右键单击【本地连接】图标，在弹出的快捷菜单中选择【属性】命令，出现【本地连接 属性】对话框，选择【常规】选项卡。在【此连接使用下列项目（O）】列表框中选择"Internet 协议（TCP/IP）"选项，如图 1-36 所示。

图1-36 【本地连接 属性】对话框

(3) 双击【Internet 协议（TCP/IP）】选项，弹出【Internet 协议（TCP/IP）属性】对话框。选择【使用下面的 IP 地址（S）】选项。在【IP 地址（I）:】选项中输入"192.168.0.1"，在【子网掩码（U）:】选项中输入"255.255.255.0"，如图 1-37 所示。单击 确定 按钮，完成设置部分。

(4) 局域网中其他计算机的 IP 地址设置。其他计算机的 IP 地址的取值范围是 192.168.0.2～192.168.0.254，子网掩码还是"255.255.255.0"，默认网关地址为"192.168.0.1"，如图 1-38 所示。

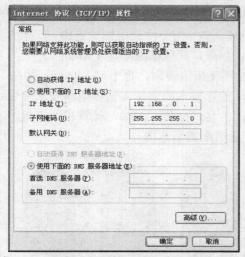

图1-37　网关的 IP 地址设置

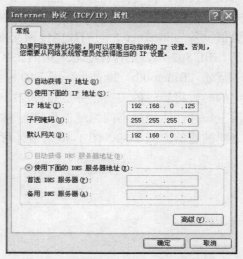

图1-38　其他计算机的 IP 地址设置

 要点提示

局域网中的 IP 地址设置，一般采用 C 类地址中保留的 192.168 网络号。

【知识拓展】——3G、蓝牙、WiFi、WiMAX

上面列出的一些名词，相信读者都听说过，如果还没有听说过，那就要赶快更新自己的知识了，因为这些都是现在最为热门的词语，代表着现在最尖端的技术和通信领域的发展方向。

（1）3G。3G（3rd Generation），中文意思是指第三代数字通信技术。第一代的模拟制式手机只可以进行语音通话，如人们常说的"大哥大"。第二代的 GSM、TDMA 等数字制式手机，也就是现在大部分人仍在用的手机，它增加了接收数据的功能，如接收电子邮件或网页。第三代（3G）与前两代的主要区别是大幅地提高了声音和数据传输的速度，支持在全球范围内的无缝漫游，并可以处理图像、音乐、视频流等多种媒体形式，使通过手机进行网页浏览、电话会议、电子商务等活动变为现实。

目前，国际电信联盟（ITU）一共确定了全球 4 大 3G 标准，它们分别是 W-CDMA、CDMA2000、TD-SCDMA 和 WiMAX。其中 W-CDMA 标准是由欧洲提出的，其主要支持者包括欧洲各国和日本等。CDMA2000 标准是由美国提出的，其主要支持者包括北美国家和韩国等。TD-SCDMA 标准是由中国独自制定的 3G 标准，全球有一半以上的设备厂商宣布可以支持 TD-SCDMA 标准，这标志着我国在移动通信领域已经进入世界领先之列。

2008 年 4 月 1 日，中国移动同时在北京、上海、天津、沈阳、广州、深圳、厦门和秦皇岛 8 个城市放号，正式启动 TD-SCDMA（以下简称 TD）社会化业务测试和商用。

2009 年 1 月 7 日，我国正式发布了 3 张 3G 牌照，中国移动获得 TD-SCDMA 牌照，中国联通获得 W-CDMA 牌照，中国电信获得 CDMA2000 牌照，意味着中国的 3G 时代已经正式到来。

（2）蓝牙。蓝牙（Bluetooth）技术，是一种支持设备短距离通信（一般是 10m 之内）的无线电技术。利用蓝牙技术，能够在掌上电脑、笔记本电脑和移动电话手机、无线耳机、相关设备之间进行通信，也能够成功地简化这些设备与 Internet 之间的通信，从而使这些现代通信设备与 Internet 之间的数据传输变得更加迅速高效，为无线通信拓宽道路。蓝牙的标准是 IEEE 802.15，工作在全球通用的 2.4GHz ISM 频段，其数据速率为 1Mbit/s。

蓝牙（Bluetooth）原是丹麦国王的名字，这位国王口齿伶俐，善于与人交流，并在 10 世纪的时候将当时的瑞典、芬兰与丹麦统一起来。蓝牙技术的创始人员希望该技术能像这位国王一样，协调好不同领域，保持各个系统之间的良好交流，例如，计算机、手机、家电之间的通信。图 1-39、图 1-40 为蓝牙标志和蓝牙适配器示意图。

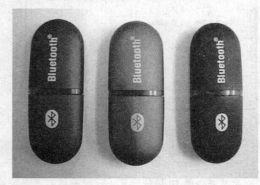

图1-39　蓝牙标志　　　　　　　　　　　　　　　　图1-40　蓝牙适配器

（3）WiFi。WiFi（Wireless Fidelity），又称 802.11b 标准，它最大的优点在于传输速度较高，可以达到 11Mbit/s，有效传输距离长，覆盖半径可达 100m 左右，并与已有的各种 802.11DSSS 设备兼容。笔记本电脑无线上网所采用的迅驰技术就是基于该标准设计的。

其实最初的 WiFi 只是无线局域网联盟（WLANA）的一个商标，如图 1-41 所示。用来保障使用该商标的商品互相之间可以合作，与标准本身实际上没有关系。但是人们习惯用 WiFi 来称呼 802.11b 协议，所以 WiFi 逐渐流行起来。

图1-41　WiFi 标志

（4）WiMAX。WiMAX（Worldwide Interoperability for Microwave Access），即全球微波互连接入。WiMAX 的另一个名字是 802.16 协议，WiMAX 是一项新兴的宽带无线接入技术，能提供面向互联网的高速连接，数据传输距离最远可达 50km。它可将 802.11a 无线接入热点连接到互联网，也可连接公司与家庭等环境至有线骨干线路，还可作为线缆和 DSL 的无线扩展技术，从而实现无线宽带接入。

随着无线技术的成熟，无线网络克服了以前速度低、安全性差、受地理气候环境影响大的缺点，应用越来越广泛。无线网络的魅力已经征服了越来越多的用户，广泛应用在家庭网络组网、企业网络组网等各个领域。无线网络是未来网络技术发展的方向，了解一些无线网络技术对进一步了解计算机网络有很大的帮助。

实训一 ADSL 硬件连接

本实训要求根据第 1.3 节介绍的内容，练习安装 ADSL 滤波器和 ADSL Modem。

【操作步骤】

(1) 连接电话线和 ADSL 滤波器。
(2) 连接 ADSL 滤波器和电话。
(3) 连接 ADSL 滤波器和 ADSL Modem。
(4) 连接 ADSL Modem 和计算机。
(5) 打开电源，观察 ADSL Modem 的数据灯和计算机网卡的数据灯是否变亮。

实训二 ADSL 软件配置

本实训要求根据第 1.3 节介绍的内容，练习配置 ADSL 连接。

【操作步骤】

(1) 进入 Windows XP 系统（在实训一的基础上）。
(2) 按照第 1.3 节的 ADSL 软件配置部分的介绍，进行配置。
(3) 配置完成后，打开浏览器，观察能否浏览网页的内容。

小结

本章简单介绍了 Internet 的发展过程，可以分为 4 个阶段：雏形的形成、成为骨干网、多个网络整合、商业化后的飞速发展。在这 4 个阶段的发展过程中，Internet 形成了自己的特点，提供的服务也越来越多元化，Internet 提供的主要服务包括：WWW 服务、电子邮件服务、文件传输服务、即时通信服务。越来越多的人希望自己可以很方便地就能获得 Internet 服务，于是 Internet 开始走入千家万户。Internet 接入方式也在不停地发展，ADSL 接入方式以其较快的传输速度和较低的费用，成为家庭用户上网的首选。

习题

1. 简述 Internet 发展的主要过程。
2. 简述 Internet 的主要特点。
3. 简述 Internet 的主要服务，并找出几种 Internet 提供的特色服务。
4. 使用 ADSL 接入方式，进行硬件安装和软件配置，查看是否能成功上网。

第2章 浏览器

通过第 1 章的学习，读者已经掌握了接入 Internet 的方法，本章介绍 Internet 提供的强大功能——WWW，并介绍通过 Internet Explorer 7.0（简称 IE 7.0）进行浏览、保存网页等的基本操作。

学习目标

了解 WWW、URL 和 HTML。

了解 IE 7.0 的主界面及其特点。

掌握浏览网页的多种方法。

掌握 IE 7.0 的使用方法。

了解 IE 7.0 的配置方法。

2.1 认识 WWW 服务

WWW（World Wide Web）服务又称"万维网服务"，是目前 Internet 上最热门的服务，上网的用户不仅可以浏览信息，而且可以享受很多便捷的服务，如电子邮件服务、网上购物等。

使用 WWW 服务传递信息时，可以和电视一样，以图文并茂的形式把信息传递给用户。WWW 服务最大的优点就是可以通过 Internet 发布信息，由用户浏览自己感兴趣的内容，不受实时性的限制。

WWW 像一个巨大的资源库，资源库里存放着全世界的各种信息资源。为了方便查找自己喜欢的资源，人们想出了一种解决这个问题的方法，即使用 URL（统一资源定位符，即通常所说的网址）。URL 可以用来标识资源存放的位置。当用户使用浏览器访问某个网页时，只需把该网页的 URL 输入到浏览器中，就可以访问相应的网页资源了。图 2-1 所示为使用浏览器观看"北京奥运会开幕式"。

为了保证不同的用户都能在浏览器中浏览到这些网页，需要为网页定义一定的显示格式，于是就产生了 HTML（超文本标记语言）。HTML 按照统一的规则对网页的内容、格式及超链接进行描述，形成 HTML 文档。当浏览器读取到服务器上的 HTML 文档后，再根据 HTML 的表述进行组织并显示，这样用户就可以通过浏览器看到图文并茂的网页了。图 2-2 所示为 WWW 服务工作原理图。

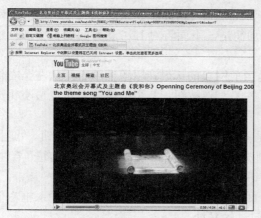

图2-1 使用浏览器观看"北京奥运会开幕式"

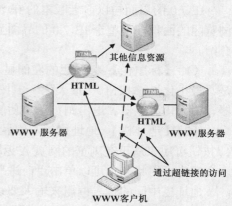

图2-2 WWW 服务工作原理图

2.2 IE 7.0 浏览器

传统上,人们使用纸作为信息的载体,以方便人们查阅信息。在 Internet 上,浏览器的作用和纸的作用是一样的,浏览器把从 WWW 服务器返回的信息按照网页所设定的格式呈现给用户。比较流行的浏览器有微软公司的 Internet Explorer(IE)、Mozilla 公司的 Firefox和遨游公司的遨游浏览器。

对同一个网页,不同的浏览器显示的效果会稍有不同。不同的浏览器提供了各种各样的特色功能,以满足用户的使用习惯。为抢占浏览器市场,各软件商之间的竞争十分激烈。微软公司在 Windows 系统中集成自己的 IE 浏览器,使得 IE 浏览器具有其他浏览器无法比拟的优势。下面将针对 IE 7.0 的界面、功能和设置进行详细的讲述。

2.2.1 IE 7.0 窗口简介

IE 7.0 窗口主要由 9 个部分构成,包括标题栏、地址栏、菜单栏、工具栏、链接栏、搜索栏、标签栏、网页浏览区、状态栏,如图 2-3 所示。

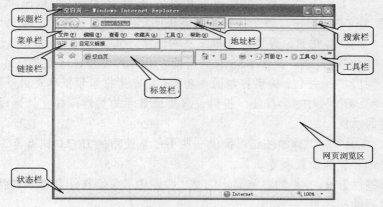

图2-3 IE 7.0 窗口

IE 7.0 的界面与以前老版本的 IE 浏览器界面相比，精简了复杂的工具栏，增大了网页浏览区的面积，使整个 IE 7.0 的界面显得更加简洁。下面将对 IE 7.0 界面的各个部分进行介绍。

（1）【标题栏】：标题栏的左侧显示的是当前网页的标题。标题栏的右侧从左至右依次是"最小化" █ 按钮、"最大化" █ 按钮、"关闭" ✕ 按钮，3 个按钮分别实现最小化浏览器、最大化浏览器、退出浏览器的功能。

（2）【地址栏】：地址栏的左侧显示的是"返回" ⬅ 和"前进" ➡ 两个按钮。"返回" ⬅ 按钮可用来从正在浏览的网页 A 返回到浏览器刚才浏览的网页 B，这时"前进" ➡ 按钮才会变为可用状态，可以单击"前进" ➡ 按钮从网页 B 前进到网页 A。

地址栏中间的输入框用来输入要访问网页的网址。用户也可以通过单击输入框右侧的 ⌄ 按钮，从出现的下拉列表框中选择最近访问过的网址。

地址栏的右侧显示的是"刷新" ↻ 按钮和"停止" ✕ 按钮。"刷新" ↻ 按钮用来对当前网页进行更新。"停止" ✕ 按钮用来停止浏览器对当前网页的读取，主要用于网络不畅的情况。

（3）【搜索栏】：用户可以即时搜索网页或者其他信息。用户在搜索栏中输入关键词或者短语，然后按 Enter 键，默认的搜索提供程序将搜索输入的关键词或者短语。

（4）【链接栏】：用来保存用户经常访问网页的快捷图标。默认的情况下，IE 7.0 是不显示链接栏的。若需要在 IE 7.0 显示链接栏，用户可以在菜单栏的空白处单击鼠标右键，在出现的快捷菜单中选择"链接"命令，如图 2-4 所示。

（5）【菜单栏】：从左向右包括文件、编辑、查看、收藏夹、工具和帮助 6 个菜单。每个菜单的功能说明如下。

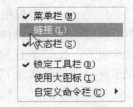

图2-4　选择链接栏

❖　【文件】菜单：包括新建窗口、退出浏览器、打印等功能。

❖　【编辑】菜单：包括剪切、复制、粘贴、查找等功能。

❖　【查看】菜单：包括查看 Web 源文件，Web 字体大小设置等功能。

❖　【收藏夹】菜单：包括添加喜欢的网页到收藏夹，整理收藏夹等功能。

❖　【工具】菜单：包括浏览器的安全设置等功能。

❖　【帮助】菜单：提供对浏览器功能的基本介绍。

（6）【工具栏】：包括"主页" 🏠 按钮、"RSS" 📶 按钮、"打印" 🖨 按钮、"页面" 页面(P) 按钮、"工具" 工具(O) 按钮。每个按钮的功能说明如下。

❖　"主页" 🏠 按钮：设置浏览器主页的快捷方式。

❖　"RSS" 📶 按钮：提供 RSS 订阅功能，具体内容会在后面部分详述。

❖　"打印" 🖨 按钮：提供打印网页功能，并支持打印预览和页面设置的功能。

❖　"页面" 页面(P) 按钮：提供设置页面显示的功能，并支持通过电子邮件发送网页的功能。

❖　"工具" 工具(O) 按钮：提供一些不经常使用的 IE 7.0 浏览器工具，如仿冒网站筛选和管理加载项等工具。

（7）【标签栏】：标签栏的右侧显示的是"收藏中心" ⭐ 按钮和"添加到收藏夹" ➕ 按钮，左侧是并列的标签页。

❖ "收藏中心" ⭐按钮：查看 "收藏夹"、"RSS 源"、"历史记录" 内容等功能。

❖ "添加到收藏夹" 按钮：添加网页到收藏夹、管理收藏夹等功能。

（8）【网页浏览区】：网页浏览区是显示网页内容的地方，可以通过单击网页浏览区右侧的 ⌃按钮和 ⌄按钮，滚动查看网页的内容。

（9）【状态栏】：显示当前网页的状态。用户可以根据网页状态的提示判断当前打开的网页是否加载完成。

 要点提示

根据功能的不同也可把 IE 7.0 窗口分为设置区和显示区，网页浏览区以上为设置区，用户对 IE 7.0 的设置操作主要集中于此部分。网页浏览区和状态栏为显示区，用户浏览网页时，把主要精力集中于显示区即可。

2.2.2 启动 IE 7.0

启动计算机，并接入 Internet 后，用户即可启动 IE 7.0。启动 IE 7.0 的方法有以下几种。

方法一：双击桌面上的 图标，此方法是使用最多而且最为方便的一个，如图 2-5 所示。

方法二：单击任务栏的快速启动栏中的 按钮，如图 2-6 所示。

图2-5 通过桌面快捷方式启动 IE 7.0

图2-6 通过快速启动栏启动 IE 7.0

方法三：选择【开始】/【所有程序】/【Internet Explorer】命令。

2.2.3 选择搜索引擎

为方便用户能够即时地查找关于各种主题的大量信息，IE 7.0 的搜索栏可以供用户搜索信息。用户第一次启动 IE 7.0 时，将弹出一个设置页面，允许用户选择自己喜欢的搜索提供商（即提供搜索服务的搜索引擎）。

【操作步骤】

（1）启动 IE 7.0。进入 IE 7.0 设置界面，设置分为两部分，"a)" 为 "必需设置"，即选择搜索提供商；"b)" 为 "可选设置"，包括 "仿冒网站筛选"、"语言和地区" 等。

（2）选择搜索提供商。IE 7.0 提供的默认搜索提供商为 Windows Live Search，选择 ◉ 保持我当前的默认搜索提供商。 选项。然后单击 保存设置 按钮。此时 IE 7.0 浏览器的默认搜索提供商为 Windows Live Search，如图 2-7 所示。

23

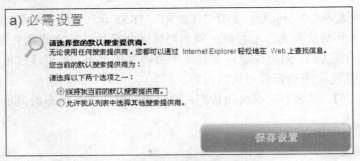

图2-7 设置默认搜索提供商

(3) 使用其他搜索提供商。需选择 ⊙允许我从列表中选择其他搜索提供商。选项，然后单击
保存设置按钮，出现如图 2-8 所示界面。

(4) 图 2-8 中有很多搜索引擎可以选择，这里以百度为例，单击 百度 有问题 百度一下，弹
出【添加搜索提供程序】对话框，如图 2-9 所示，单击 添加提供程序(A) 按钮，
完成搜索提供商的设置。

图2-8 搜索提供商列表

图2-9 添加搜索提供程序

要点提示

b）项按照默认设置即可，若用户对安全要求较高可选择☑打开自动仿冒网站筛选。(推荐)，但会对网
速稍有影响。

2.2.4 设置标签浏览

标签浏览是现在几乎所有主流浏览器的标准配置，由于是其他浏览器发明的，因此
IE 7.0 的默认设置是不支持标签浏览的。可以对 IE 7.0 进行适当的设置使其支持标签浏览。

【操作步骤】

(1) 在 IE 7.0 的菜单栏中选择【工具】/【Internet 选项】命令，弹出【Internet
选项】对话框，默认进入【常规】选项卡，单击【选项卡】栏的 设置(T)
按钮，如图 2-10 所示，弹出【选项卡浏览设置】对话框。

(2) 选择【打开当前选项卡旁边的新选项卡（N）】、【始终在新选项卡中打开弹
出窗口（T）】、【当前窗口中的新选项卡（B）】选项，如图 2-11 所示。

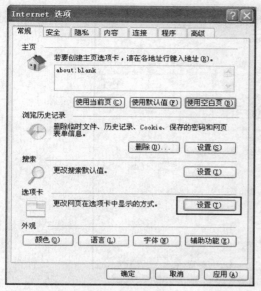

图2-10 Internet 选项

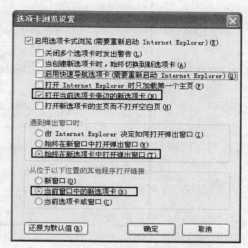

图2-11 选项卡浏览设置

(3) 单击 [确定] 按钮，返回【Internet 选项】对话框，再单击 [确定] 按钮，关
闭【Internet 选项】对话框。

设置完成后，新建的网页将会以标签的形式在 IE 7.0 中打开。

2.3 基本浏览技巧

掌握基本的浏览技巧，是用户能在浩如烟海的网页资源里轻松漫步的第一步。浏览网页
和浏览书籍的最大不同在于网页是以超链接形式组织到一起的，一个超链接对应一个网址，
用户可以通过访问对应的网址浏览网页的内容。下面将对浏览网页的基本技巧进行介绍。

2.3.1 打开网页

要打开某个网页，需要先把该网页的网址告诉 IE 7.0 浏览器。用户可以通过在 IE 7.0
浏览器的地址栏里输入该网页的网址，下面以打开百度的首页为例。

【操作步骤】
(1) 启动 IE 7.0 浏览器。
(2) 在地址栏中输入 "www.baidu.com"，然后按 [Enter] 键或地址栏右侧的 → 按钮，
即可进入百度的主页，如图 2-12 所示。

另外，为了避免用户重复烦琐地输入一些最近已经访问的网址，IE 7.0 浏览器提供了
网址记忆功能。借助 IE 7.0 浏览器的记录，用户可以快捷地打开最近访问过的网站的网址。

方法一：通过单击【地址栏】右侧的 "下拉" ∨ 按钮，在下拉列表框中选择最近访问
过的网址，如图 2-13 所示。

图2-12 百度首页

方法二：通过单击【地址栏】左侧的▼按钮，在列表中选择最近访问过的网址的历史记录，如图 2-14 所示。

图2-13 通过地址列表选择网址

图2-14 通过历史记录选择网址

2.3.2 网页的跳转

当用户按照上面的方法进入百度的主页后，发现网页上只是罗列了几个标题，而用户想要得到更详细的内容，下一步该如何操作呢？下面就以在百度中查看分类内容为例，介绍通过超链接打开一个新的网页的方法。

【操作步骤】

(1) 把鼠标移动到网页上的"知道"标题处，如图 2-15 所示。

(2) 当鼠标由"↖"变成"🖑"时单击。浏览器就会从当前百度的首页跳转到百度知道页面，如图 2-16 所示。

图2-15 跳转前的页面

图2-16 跳转后的页面

若用户想查看自己感兴趣的新闻的详细内容，可以重复步骤（2）的操作，单击这条新闻对应的超链接，进入显示该新闻详细内容的页面。

要点提示

超链接的形式不仅有文字还有图像。一般文字的超链接是蓝色，文字下面有一条下划线。当鼠标指针移动到超链接时，就会变成一只小手的形状。浏览过的文字超链接的文本颜色会变成紫色，图像超链接的颜色，则不会发生变化。

2.3.3 关闭网页

当浏览完网页之后，应把对应的网页关闭。这样不但可以避免网页打开过多造成混淆，而且可以节约系统资源。关闭网页的方法有以下4种。

方法一：单击 IE 7.0 浏览器标题栏右侧的"关闭" ⊠ 按钮，采用这种方法直接关闭了浏览器，以及所有已打开的选项卡。

方法二：单击对应选项卡右侧的 ⊠ 按钮，关闭该选项卡对应的网页，如图 2-17 所示。

方法三：用鼠标右键单击要关闭的选项卡，在弹出的快捷菜单中选择【关闭】命令，如图 2-18 所示。

图2-17 关闭网页

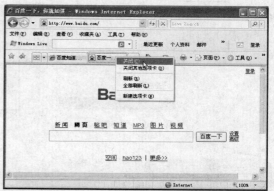

图2-18 关闭网页

方法四：按 Ctrl+W 组合键关闭当前网页。

2.4 网页的操作

2.3 节介绍了对浏览器的基本操作。这一节将对浏览器的一些高级操作进行讲解，如设置起始主页、收藏喜欢的网页等。另外，为了方便用户的使用，IE 7.0 浏览器对同一功能设置了不同的快捷方法，让用户可以通过不同方式完成同一操作。用户有必要了解这些方法，在不同的情况下选择不同的方法，以提高浏览网页的效率。

2.4.1 设置起始主页

若用户感觉到某个网页对自己特别有用，希望每次启动浏览器后首先就能看到该网页，可以把该网页设置为自己的 IE 7.0 浏览器的主页。在 IE 7.0 中设置主页的方法有两种。

1. 方法一

（1）打开准备设置为主页的网页，以百度为例。

（2）在 IE 7.0 菜单栏中，选择【工具】/【Internet 选项】命令，打开【Internet 选项】对话框。

（3）选择【常规】选项卡，单击 使用当前页(C) 按钮，如图 2-19 所示，可见主页栏里的网址变成了 http://www.baidu.com。

（4）单击 应用(A) 按钮，然后单击 确定 按钮，完成设置。

2. 方法二

（1）打开准备设置为主页的网页，仍以百度为例。

（2）单击工具栏中的 按钮右侧的 ▾ 按钮，在弹出的列表中选择"添加或更改主页"命令，如图 2-20 所示。

（3）在弹出的【添加或更改主页】对话框中，选择 将此网页添加到主页选项卡(A) 选项，然后单击 是(Y) 按钮，完成设置，如图 2-21 所示。

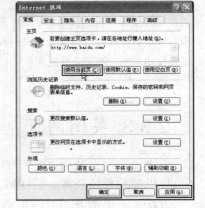

图2-19 添加主页

图2-20 添加或更改主页

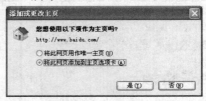

图2-21 【添加或更改主页】对话框

 **要点提示**

IE 7.0 支持多主页设置，用户可以通过方法二的操作，再添加其他的网页作为主页。重启 IE 7.0 后，IE 7.0 会同时打开被设为主页的所有网页。

2.4.2　收藏喜欢的网页

对于在上网过程中遇到的一些比较喜欢的网站，可以把它们添加到 IE 7.0 的收藏夹里。当以后再想访问该网站时，用户可以直接在 IE 7.0 的收藏夹里找出该网站的网址。在 IE 7.0 中添加网址到收藏夹的方法也有两种。

1.　方法一

（1）在 IE 7.0 浏览器中打开准备收藏的网页。以收藏一个关于天文的网站为例。

（2）选择【收藏夹】/【添加到收藏夹】命令，如图 2-22 所示。

（3）在弹出的【添加收藏】对话框中，单击 新建文件夹(E) 按钮，为保存收藏网页的文件夹命名，如图 2-23 所示。也可以把收藏的网页保存到 IE 7.0 的默认文件夹下，但如果默认文件夹下收藏的网页较多的时候，很容易混乱，不利于收藏夹的管理。

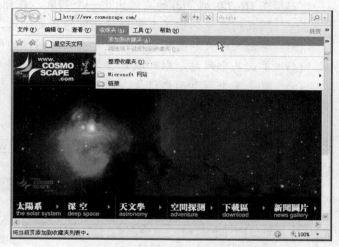

图2-22　添加网址到收藏夹

（4）在弹出的【创建文件夹】对话框中，输入文件夹名称"天文"，如图 2-24 所示，然后单击 创建(A) 按钮，返回到【添加收藏】对话框。

图2-23　【添加收藏】对话框

图2-24　【创建文件夹】对话框

（5）在【添加收藏】对话框中，单击 添加(A) 按钮，将链接添加到收藏夹中。

2.　方法二

（1）在 IE 7.0 浏览器中打开准备收藏的网页，仍以刚才的网页为例。

（2）单击选项栏左侧的 按钮，选择【添加到收藏夹】命令，如图 2-25 所示。

（3）弹出【添加收藏】对话框（见图 2-24）。接下来的操作和方法一中的步骤（3）~（5）是一样的，这里不再重复介绍。

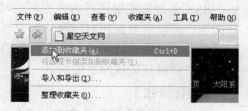

图2-25　快捷方式添加收藏

设置完成后，就可以在下次访问时，直接选择【收藏夹】/【天文】命令，并单击相应的网址，浏览器即可转到该网址。

2.4.3 使用历史记录

IE 7.0 浏览器具有保存浏览的网页历史记录的功能,用户最近一段时间访问过的网页,通过 IE 7.0 的查看历史记录功能都可以查到。

【操作步骤】

(1) 选择【查看】/【浏览器栏】/【历史记录】命令或单击标签栏左侧的☆按钮。
(2) 在 IE 7.0 浏览器的左侧出现一个列表,在列表的顶部单击 历史记录 · 按钮,则在列表中列出了本星期访问过的历史记录。
(3) 单击某一天的图标,即可展开当天访问过的所有网站的记录。
(4) 单击某个网站,则可展开当天访问过的该网站的网页的历史记录。
(5) 单击某个网页历史记录,则可在 IE 7.0 浏览器中打开该网站的网页,如图 2-26 所示。

另外,IE 7.0 不仅可以按照日期对历史记录进行分类,还可以按照站点、访问次数、今天的访问顺序对历史记录进行分类。只需单击 历史记录 · 右侧的 · 按钮,在弹出的列表中选择对历史记录分类的类型,如图 2-27 所示。

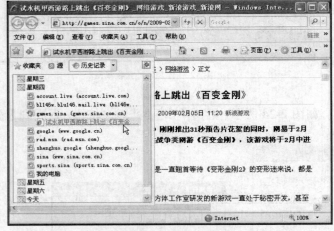

图2-26 查看网页历史记录

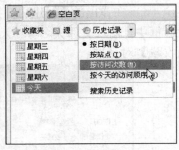

图2-27 对历史记录分类

2.4.4 订阅 RSS 源

RSS 是经常需要进行内容更新的网站如博客、新闻网站等发布更新消息的手段。通过订阅源,可以获取源所对应网站的更新内容,以方便用户获得该网站最新的信息而不必访问该网站。当用户访问的网页有可用的源时,IE 7.0 工具栏中的"源" 按钮将会变亮,这时用户就可订阅该网页的源。

【操作步骤】

(1) 在 IE 7.0 浏览器中访问包含要订阅源的网页。
(2) 单击工具栏中的 按钮,以查找该网页上的源。
(3) 单击一个源,IE 7.0 的浏览区将跳转到该网页。

(4) 单击标签栏左侧的 ✿ 按钮，然后在弹出的列表中选择"订阅此源"命令，如图 2-28 所示。

(5) 在弹出的【Internet Explorer】对话框中，为 RSS 源输入名称，如图 2-29 所示。

(6) 单击 新文件夹(E) 按钮，为要保存的 RSS 源创建文件夹。在弹出的【新建文件夹】对话框中输入文件夹名"网络安全"，然后单击 创建(A) 按钮，返回【Internet Explorer】对话框，如图 2-30 所示。

图2-28　订阅 RSS 源

图2-29　【Internet Explorer】对话框

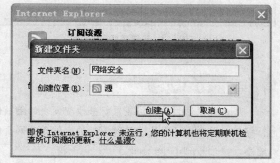

图2-30　【新建文件夹】对话框

(7) 单击 订阅(S) 按钮，完成订阅。

 要点提示

IE 7.0 会在用户访问的网页上搜索 RSS 源，当 IE 7.0 找到可用的源时，工具栏中的"源"按钮将从 变为 。用户要查看已订阅的源，只需单击标签栏中的 ✿ 按钮，然后在浏览器左侧出现的列表的顶部单击 源按钮即可。

2.4.5 修改网页显示效果

为了满足不同用户的显示效果需求，IE 7.0 提供了自定义网页的缩放大小、字体大小、网页字体和纯文本字体等功能，用户可以根据自己的需求设置 IE 7.0 的网页显示效果。

1. 设置网页的缩放大小

如果用户感觉网页的默认字体太小，则可以通过改变网页的缩放大小来改变网页内容的显示效果。

【操作步骤】

(1) 在 IE 7.0 浏览器状态栏的右侧，单击 🔍 100% ▾ 按钮右边的 ▾ 按钮。

(2) 选择网页的缩放级别，单击要放大或缩小的百分比选项，如图 2-31 所示。

(3) 若要指定自定义级别，选择【自定义】选项。在弹出的对话框中，如输入缩放值"126"，单击 确定 按钮完成设置，如图 2-32 所示。

图2-31　设置网页缩放比例

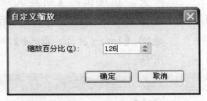

图2-32　【自定义缩放】对话框

要点提示

用户可以通过使用滚轮鼠标来改变网页的缩放比例，操作方法是：按住 Ctrl 键，然后滚动滚轮进行缩放。用户还可以从键盘以 10%的比例改变网页的缩放比例，若要放大，按住 Ctrl + + 组合键。若要缩小，按住 Ctrl + - 组合键。

2. 改变网页上文本的大小

通过更改网页上文本的大小，可以使网页更适合用户的观看习惯。更改文本大小时，图形和控件仍保持原始大小，而文本的大小会发生改变。

【操作步骤】

(1) 单击 IE 7.0 浏览器工具栏中的 页面(P) 按钮，在弹出的列表中选择"文字大小"命令。

(2) 选择所需的大小，如图 2-33 所示。

3. 设置字体

在 IE 7.0 中，可以对网页字体和纯文本字体分别设置不同的字体。

【操作步骤】

(1) 单击工具栏中的 工具(O) 按钮，在弹出的列表中选择"Internet 选项"命令。

(2) 在弹出的【Internet 选项】对话框中，选择【常规】选项卡，单击 字体(N) 按钮，如图 2-34 所示。

图2-33　自定义文本大小

(3) 在弹出的【字体】对话框中，在【网页字体】和【纯文本字体】列表中选择所需的字体，如图 2-35 所示。

(4) 单击 确定 按钮，即可完成设置。

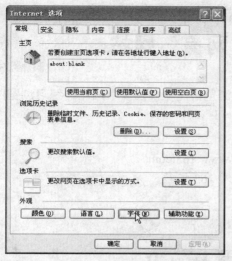

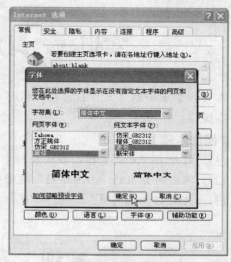

图2-34　设置网页字体　　　　　　　　　　　　图2-35　【字体】对话框

4. 覆盖网站字体和颜色设置

当网站的设计者指明了网页的字体样式、字号时，上面对网页显示效果修改的设置是不起任何作用的，为了让用户的设置起作用，需要把网站设计者的设置覆盖掉。这样，无论网站设计者设置了何种字体，IE 7.0 都可以将用户指定的字体用于所有的网站。

【操作步骤】

(1) 单击工具栏中的 工具⑩ 按钮，在弹出的列表中选择"Internet 选项"命令。

(2) 在弹出的【Internet 选项】对话框中，选择【常规】选项卡，单击 辅助功能⑥ 按钮，如图 2-36 所示。

(3) 在弹出的【辅助功能】对话框中，选中【忽略网页上指定的颜色】、【忽略网页上指定的字体样式】和【忽略网页上指定的字号】复选框，如图 2-37 所示。

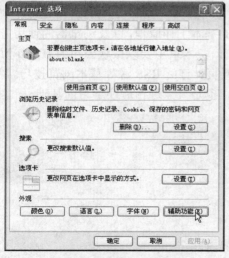

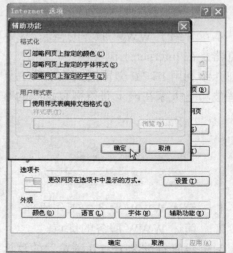

图2-36　覆盖网站字体和颜色　　　　　　　　　图2-37　【辅助功能】对话框

(4) 单击 确定 按钮，即可完成设置。

实训一　浏览"网易"网站

本实训要求根据 2.2 节的内容，利用 IE 7.0 浏览器浏览"网易"网站，练习浏览网页的基本操作。

【操作步骤】

(1) 打开 IE 7.0 浏览器，在地址栏中输入"www.163.com"。

(2) 单击网页上的"163 邮箱"超链接，进入 163 邮箱。

(3) 关闭打开的网页。

实训二　设置 IE 7.0

本实训要求根据 2.3 节的内容，进行 IE 7.0 的相关设置。

【操作步骤】

(1) 设置"网易"首页为 IE 7.0 主页。

(2) 通过历史记录找到浏览的"网易"网页。

(3) 设置网页的缩放比例为 160%。

(4) 设置网页的网页字体为黑体。

小结

本章介绍了 WWW 服务的概念、WWW 服务的基本工作原理，以及浏览器的使用方法。浏览器是在 Internet 上浏览网络资源的一个重要窗口，本章主要以微软公司的 IE 7.0 为例，详细介绍利用 IE 7.0 浏览网页、设置主页、收藏网页、订阅 RSS 源等基本浏览技巧。掌握这些技巧是大家在网上获得网页资源的基本途径，也是大家进行后续学习的基础。

习题

1. 简述 WWW 服务的工作原理。

2. 简述 WWW 服务的优点。

3. 设置谷歌为 IE 7.0 浏览器的默认搜索服务商。

4. 添加一个网页到自己的 IE 收藏夹。

5. 设置网页的文本大小为最大。

第3章 电子邮件

本章主要通过介绍申请免费电子信箱账号、发送和接收电子邮件的方法以及 Foxmail 的设置等操作来讲解电子邮件的基本使用。通过本章的学习，可以对电子邮件的传递原理有一个初步的认识，还能了解一些电子信箱的附加功能，有利于读者在日常生活中更好地通过电子邮件进行联系交流。

学习目标

了解电子邮件的工作流程。

掌握申请免费电子信箱账号的方法。

掌握发送和接收电子邮件的方法。

掌握电子邮件发送附件的方法。

了解 Foxmail 的设置和使用。

3.1 电子邮件的基本知识

电子邮件，英文名又称 E-mail，在 Internet 产生之初就得到了广泛的应用。如今 Internet 早期的很多应用早已经被人们所忘记，然而电子邮件却逐渐成为人们在日常生活中不可或缺的通信手段之一。电子邮件以其方便、快捷、高效、费用低廉等特点深受大家喜爱，于是大家还给电子邮件起了个很人性化的昵称"伊妹儿"。

与传统的普通邮件相比，用户在使用电子邮件时无须再为奔波邮局而烦恼，无须再为昂贵的邮费而苦恼，用户只需用鼠标轻轻地一点，几分钟甚至是几十秒钟之后，地球另一个角落的用户就可以通过 Internet 接收到邮件。

3.1.1 电子邮件传递原理

电子邮件的基本工作流程和普通邮件的传递流程是比较类似的。

首先，当发信人撰写完邮件后，需要把收信人的电子邮件地址和需要发送的内容添加到自己的电子信箱内。这一步和普通邮件的填写信封，把信装入信封的过程作用是一样的。

其次，把电子邮件发送出去。电子邮件发送出去之后，并不是直接就送到了收信人的电子信箱内，而是送到了发送方服务器上。这里的发送方服务器的作用和日常生活中寄信的邮局的作用是类似的。

然后，发送方服务器根据收信人的电子邮件地址，把邮件传送到收件方服务器上。这和普通邮件传递过程中的邮局与邮局之间的传递过程是类似的。

最后，收件方服务器通知收信人有新邮件到来，等待用户来读取。用户的个人终端随时可以连到 Internet 上打开自己的电子信箱，查阅自己的邮件。电子邮件的传递流程如图 3-1 所示。

个人计算机 A　　　邮件服务器 1　　　邮件服务器 2　　　个人计算机 B

图3-1　电子邮件工作流程

 要点提示

电子信箱其实是电子邮件服务提供商的服务器上的一块硬盘空间，一个用户名对应一块硬盘空间，用户的信件都存储在这块硬盘空间里，这块硬盘空间的大小就是在 3.1.1 节中提到的电子信箱容量，如 126 的邮箱容量为 3GB。

3.1.2 免费电子信箱

随着计算机硬件和网络技术的发展，电子信箱的功能也有了很大的进步。早期的电子信箱只支持纯文本，而且无法添加附件，容量也仅为 2KB～1MB，无安全性检查功能。现在的电子信箱支持发送附件功能，用户不仅可以发送文本，而且可以发送图片、音频、视频等多媒体文件，还支持垃圾邮件和病毒拦截功能，以保护用户的计算机免受邮件病毒的侵害。

用户要使用电子邮件发送自己的信件，首先需要拥有一个自己的电子邮件地址。现在 Internet 上的电子信箱服务商已经不胜枚举，用户可以根据自己的喜好选择电子信箱服务商申请注册自己的电子邮件地址。下面为读者介绍一些免费的电子信箱。

1. 网易

网易提供有"@163.com"、"@126.com"和"@yeah.net"3 种免费电子信箱，这 3 种信箱都提供 3GB 容量，280MB 网络硬盘，20MB 附件和精准的垃圾邮件过滤功能，还支持百宝箱等个性功能。虽然 3 种信箱的功能是完全一样的，但是由于"@163.com"、"@126.com"两种电子信箱开放注册较早，现在用比较简短的用户名基本无法注册到电子信箱，所以开放注册较晚的"@yeah.net"电子信箱也是一个不错的选择。另外，所有的在 2006 年以后注册的网易免费电子信箱都不再支持 POP3。

2. 新浪

新浪的免费电子信箱提供 2GB 容量，15MB 附件，支持垃圾邮件过滤功能，比较好的是支持 POP3，但电子信箱内附带广告较多。

3. 139 邮箱

中国移动的 139 邮箱，提供 2GB 容量，500MB 网络硬盘，20MB 附件，支持 POP3。其最大的特点就是如果是中国移动的用户，手机号就是电子信箱账号，并免费提供邮件到达短信通知功能，还会把用户的当月话费信息发送到电子信箱里。

4. Gmail

Gmail 是搜索引擎巨头 Google 提供的免费电子信箱，支持 POP3。其特色不仅在于有超过 2.5GB 的电子信箱空间，而且主要在于当 Gmail 和 Google 提供的其他服务一起使用时，其功能将变得特别丰富，如当用户的计算机安装有 Google talk 时，Gmail 可以支持在电子信箱中直接与在线好友聊天的功能。

除了上述的免费电子信箱外，搜狐、雅虎和微软等都提供免费电子信箱服务，这些电子信箱的功能也十分强大，这里不再详述。

 要点提示

上述所谓的支持 POP3，是指除了支持通过浏览器收发电子邮件外，还支持通过专业的电子邮件收发工具（如 Outlook Express、Foxmail 等）收发电子邮件的功能。

3.1.3 电子邮件地址

电子邮件地址类似于普通邮件中的收信人或者发信人的地址，用户之间传递的电子邮件通过电子邮件地址确定邮件的目的地。与普通邮件的通信地址不同的是，电子信箱服务商允许用户在申请自己的电子邮件地址时，加入自己个性化的元素。

典型的电子邮件地址格式是"xyz@123"，其中，"@"符号之前的"xyz"是用户自定义的用户名，一般为用户名字的汉语拼音；"@"符号之后是电子邮件服务商的名称。比如，孙宇给自己注册了一个电子邮件地址为"sunwokong@yeah.net"，这里"sunwokong"是用户名，也是用户在登录电子信箱时需要自己输入的部分。"yeah.net"则代表电子信箱服务商是 yeah，如图 3-2 所示。

图3-2 输入电子信箱用户名和密码

【知识拓展】——@的意义

用户可能会注意到，所有的电子邮件地址中间都会有一个"@"字母，"@"作为电子邮件地址的一部分，究竟代表着什么意义呢？这就要从第一封电子邮件说起了。

第一封电子邮件产生于 1971 年，距今已有 30 多年的历史。与电子邮件的流行度相比，电子邮件发明人的知名度显得不太相称。雷·汤姆林森，电子邮件的发明者，对于多数人来说是一个陌生的名字，但正是他在 30 年前的一个小发明，改变了现在整个人类的沟通习惯。

1968 年，汤姆林森进入 BBN 公司后，开始研发一个数据传输的系统，他想把一个程序的文件传输协议与另外一个程序的发信和收信的功能结合起来，从而使一封信能从一台主机发送到另外一台主机上。

经过很多次的努力，在 1971 年秋季的一天，汤姆林森在自己的计算机上通过 ARPA 网成功地向另一台计算机的"邮箱"中发送了一条电子消息。这条连汤姆林森都记不起来内容的电子消息成为了世界上第一封真正意义上的电子邮件。后来在《吉尼斯世界记录》上记下的汤姆林森的第一封邮件的内容是计算机键盘上的第 3 排字母，也就是QWERTYUIOP。历史上第一个电子邮件地址是 tomlinson@bbn-tenexa，也就是汤姆林森的电子邮件地址。

许多年后，很多人都问起汤姆林森选择"@"的原因，汤姆林森说为了将个人的名字和他所使用的主机分开，必须要设定一个标志，他一眼就看中了那个字符，所以汤姆林森说："电子邮件的发明是一个巧合，那个符号 @ 也是我随便想出来的，选它的唯一原因是这个符号在当时还未被使用过。"

也许对于汤姆林森个人来说，"@"只不过是一件小发明，但对整个世界来讲，这无疑是一件伟大的发明。可以说是汤姆林森在无意间改变了人们的沟通习惯，给人们带来了一个全新的交流工具。

要点提示

和现实生活中人们之间可以相互重名不同，申请电子信箱的用户名是不允许重复的。用户申请的电子信箱用户名，很可能已经被别人使用，这时可以对用户名包含的字母进行适当的变化，或者找一个较新的电子信箱服务商注册电子邮件账号。

3.2　电子邮件的基本操作

通过 3.1 节的学习，读者对电子邮件的理论知识有了初步的了解。这一节里，读者将学习免费电子信箱的申请，以及通过浏览器进行发送信件、接收信件、添加地址簿等操作。掌握本节内容是使用电子信箱进行通信的基础。

3.2.1　申请电子信箱账号

Internet 上提供的免费电子信箱有很多，而且各有特色，用户可以根据自己的需要进行申请。不同电子信箱的申请过程都大致相同，下面以申请网易的 yeah 免费电子信箱为例，介绍申请电子信箱账号的方法。

【操作步骤】

(1)　打开浏览器，在地址栏内输入"www.yeah.net"，进入 yeah.net 主页，如图 3-3 所示。单击"立即注册"链接（见图 3-3），进入如图 3-4 所示界面。

图3-3　yeah 邮箱主页

(2)　确定电子信箱用户名。在如图 3-4 所示页面中的【用户名】输入框中，按照提示输入准备使用的用户名，如"supergirl001"。然后，单击下一步按钮，如果没有出现"supergirl001 已经被注册，您可以使用以下接近的账号"的提示，则会进入如图 3-5 所示界面，否则需要修改用户名并重新申请。

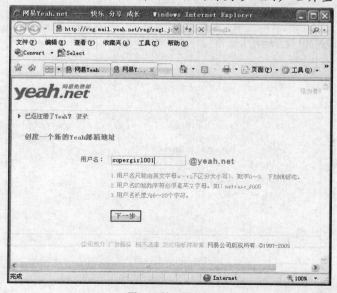

图3-4　输入用户名

(3)　输入密码和个人信息。在如图 3-5 所示页面中，按照要求输入电子信箱的密码、密码保护资料和个人信息，其中标有"*"的项目为必需填写的。填写完成后，单击下一步按钮，若填写的信息满足要求，则会进入如图 3-6 所示页面；如果无法进入如图 3-6 所示页面，检查输入的每一项信息是否满足输入框右侧的要求。

图3-5　填写个人信息

(4) 完成申请。如图 3-6 所示页面中给出的信息，可以帮助用户在忘记电子信箱密码时找回密码。单击 [点击此处直接登录] 按钮，即可直接进入刚申请的电子信箱。

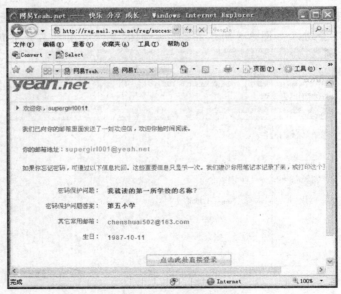

图3-6　完成注册

要点提示

　　免费电子信箱的注册过程基本都是一样的，而且在注册的过程中，网页上会有相应的提示。只要用户按照提示输入对应的信息，相信申请免费电子信箱是一件非常容易的事情。

3.2.2 发送电子邮件

通过 3.2.1 小节的学习，读者掌握了注册一个免费电子信箱的方法，下面读者将以在 3.2.1 小节中申请的 yeah 邮箱为例，学习使用电子信箱发送文本内容的电子邮件。

【操作步骤】

(1) 登录电子信箱。登录 http://www.yeah.net 网站，打开电子信箱，如图 3-7 所示。界面左侧一栏以列表的形式显示了 "收件箱"、"草稿箱"、"已发送"、"已删除"、"垃圾邮件" 等文件夹。其中 "收件箱" 用于存放用户收到的电子邮件；"草稿箱" 用于存放用户尚未写完的电子邮件；"已发送" 用于存放用户已经发送的电子邮件；"已删除" 用于存放用户已经删除的邮件；"垃圾邮件" 用于存放已经过滤掉的垃圾邮件。单击其中的一个选项，则在右侧会显示出相应文件夹中所包含的内容，图 3-7 所示为 "收件箱" 中的邮件，其中有一封邮件尚未阅读。

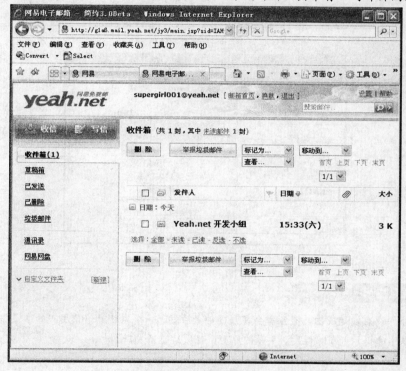

图3-7 电子信箱界面

(2) 撰写邮件。单击 **写信** 按钮，则在右侧一栏会显示出写信界面。在 "收信人" 输入框内填写收信人的电子邮件地址，若有多个收信人，中间可用逗号或者分号隔开，在 "主题" 输入框内填写邮件的主题。本例中收信人填写 "superboy001@yeah.net"，主题为 "超人聚会通知"，邮件内容为聚会的时间和注意事项，如图 3-8 所示。

(3) 发送电子邮件。邮件编辑完毕后，检查一下收信人的电子邮件地址及邮件内容是否有误。检查完毕后，单击 **发送** 按钮。如果邮件发送成功，则会出现邮件发送成功界面，如图 3-9 所示。

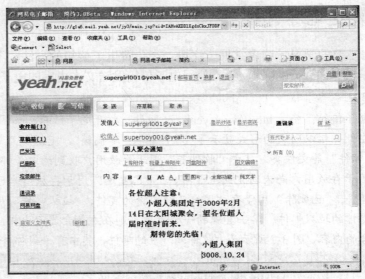

图3-8　写信界面

图3-9　发送成功界面

3.2.3　接收电子邮件

　　收信人收到读者发送的邮件后，会给读者的电子信箱回复邮件。本小节将介绍查看电子邮件的方法，以及查看邮件时需要注意的地方，以免错过某些信息。

【操作步骤】

(1)　登录电子信箱，打开收件箱。进入电子信箱后，单击页面左侧列表中的 收件箱 链接，进入如图 3-10 所示界面，可以看到电子信箱里以列表的形式按照接收邮件的时间顺序排列有 3 封电子邮件。其中最近收到的邮件前的"⬜"

标志代表这是一封未读邮件，第一封邮件的右侧还有一个""标志，该
标志代表这封邮件里带有附件。

(2) 查看邮件的信息。单击 发件人 链接，如图 3-10 界面中的黑框部分所示，即可
查看用户收到的电子邮件内容，进入如图 3-11 所示界面。

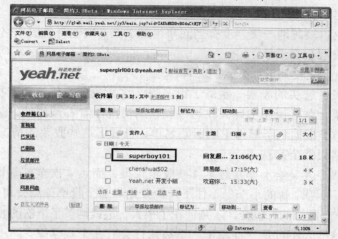

图3-10　查看收件箱

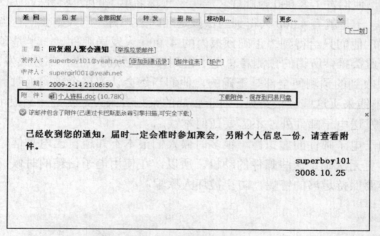

图3-11　查看邮件内容

(3) 下载附件。在邮件内容页面中可以看到如图 3-12 所示界面，用户可以单击
个人资料.doc 链接下载对应的附件，也可以单击 下载附件 链接下载对应的附件
到用户的计算机中，还可以单击 保存到网易网盘 链接把附件保存到网易网盘。

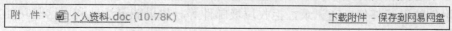

图3-12　附件的信息

【知识拓展】——防止新型诈骗：电子邮件诈骗

电子邮件的出现给人们之间的交流提供了很大的方便。通过电子邮件，人们可以足不
出户地和世界上任何有 Internet 的地方进行交流，但也正是这种便利，反而给人们的生活带
来了安全隐患。下面是一个利用电子邮件欺骗的实例，帮助读者了解一些电子邮件欺骗的
伎俩。

有一天，小李在删除垃圾电子邮件的时候，看到这样一个标题：明日股票涨跌预报。他好奇地点开了这个标题，里边写着：

亲爱的股民，我公司专门提供黑马股票预测服务，保证预测的股票在第 2 天必涨。本次将免费把预测结果提供给您，让事实说明我公司的实力，有兴趣的话，可以和我公司联系。另附股票名单。

小李看过后，轻蔑地一笑，没有当回事。第 2 天，当他查看股票名单上的股票情况时，果然名单上的股票全都涨了。

3 天后，小李又收到了那个人的邮件：

亲爱的股民，您买的股票一定涨了很多吧，这次我公司仍将免费提供预测结果，但这次预测这些股票会跌，请您密切关注这些股票的情况，看看预测结果是否准确。

第 2 天，小李根据电子邮件里的股票名单，查看了这些股票的情况，令小李惊奇的是，这些股票的价格果然全都跌了。

接下来，那个人又给小李发送了 4 次股票预报，而且 4 次全部都说中了。

本来一直很冷静理智的小李坐不住了，他开始对那个股票预测公司的预测结果产生了信任，认为这是一个赚钱的好机会，于是他花了很大一笔钱购买了下次的股票预测结果。

事实上，这些人不过是一群骗子，里边或许会有几个数学家。

一开始，他们发了 8 000 封邮件，一半是预报名单上的股票会涨，另一半是预报名单上的股票会跌，于是就有 4 000 人得到的预报是准确的，另一半人则会把它当一个笑话忘掉。

下一次，他们只给得到"正确预报"的 4 000 人发送邮件，一半是预测名单上的股票会涨……依此类推，所谓的预测者总是给得到"正确预测"的一部分人发送新邮件。最后，剩下 250 人收到的预测便全部是正确的，他们当然会认为这个预测绝对灵验。其中，假如有 50 人掏出钱来买这些预报结果，对于骗局的策划者来说，就是一笔很可观的收入了。因为他们除了发送电子邮件外，不需要任何本钱。

正是由于电子邮件的虚拟性，很多时候人们根本不知道自己电子信箱里的电子邮件是谁发出的，更无法确定这些邮件的动机。所以，在使用电子信箱的时候，对于陌生人的电子邮件内容要保持足够的警惕，防止被坏人欺骗。

3.3 电子邮件的高级操作

除了写信收信等基本功能外，电子信箱还有很多高级的功能，如回复和转发邮件，发送带附件的电子邮件，通讯录，拒收垃圾邮件等。如果能灵活地利用这些功能，对提高收信写信的效率会有很大的帮助。

3.3.1 添加附件

很多时候，仅用文字无法完全描述读者所要表达的意思。这时，就可以通过在邮件里添加附件来帮助读者传递准确完整的信息给收信人。例如，可以传递视频、图片、音频等多媒体文件给收信人。本小节就为大家介绍在邮件中添加附件的方法。

【操作步骤】

(1) 添加附件到正在撰写的邮件。单击主体字段下面的 上传附件 链接，如图 3-13 黑框部分所示。打开【选择文件】对话框，如图 3-14 所示。

图3-13 "上传附件"链接　　　　　　　　　　图3-14 【选择文件】对话框

(2) 浏览文件。选择要添加的文件，单击 打开(O) 按钮即可。

(3) 如果要删除已添加的附件，单击已添加附件名称后的 删除 链接即可。要附加其他文件，继续单击 上传附件 链接添加。附件添加成功后，将显示如图 3-15 所示的信息。

📎 **个人信息.doc** 删除

图3-15 添加附件后

 要点提示

　　一般电子信箱允许的附件都有大小的限制，如用户所使用的 yeah 电子信箱附件容量最大为 20MB，即允许发送时附带的附件最大为 20MB，接收邮件时允许接收的附件最大也是 20MB。如果附件过大，可将附件压缩或分批发送。

3.3.2 回复和转发邮件

　　收到电子邮件后，需要给写信人回信或者把收到的信件转发给其他人。这时，电子信箱的回复和转发功能就给用户提供了很大的帮助。例如，要全部回复收到的群发邮件等。本小节就为大家介绍回复和转发邮件。

【操作步骤】

(1) 回复邮件。进入电子信箱，打开邮件，进入如图 3-16 所示界面，单击界面中的 回复 按钮，即可直接对此封电子邮件进行回复。如果想要对群发邮件进行全部回复，只需单击 全部回复 按钮，就可以回复给这封邮件的发件人和所有的收件人。

(2) 转发邮件。单击图 3-16 界面中的 转发 按钮，打开转发邮件界面。在"收信人"输入框中输入转发的收信人地址。若想要让收件人知道同一内容的邮件还抄送给了哪些人，可以单击 显示抄送 链接，在"抄送人"输入框中输入要将该邮件抄送到的电子邮件地址。若想要让收件人仅知道同一内容的邮件发送给了自己，不知道还发送给了其他哪些人，可以单击 显示密送 链接，在"密送"输入框中，输入要将该邮件密送到的电子邮件地址，如图 3-17 所示。

图3-16　回复和转发电子邮件

图3-17　抄送和密送邮件

3.3.3　通讯录的使用

通讯录可以保存联系人的姓名和 E-mail 地址。在向通讯录中的联系人发送电子邮件时，无须通过键盘再向"收信人"输入框里敲入地址，直接从通讯录中添加收信人地址即可，不仅减少了操作，而且减少了出现输错收信人地址的情况。下面为读者介绍使用通讯录的方法。

【操作步骤】

(1) 打开通讯录。登录电子信箱后，单击界面左侧列表中的**通讯录**链接，进入通讯录页面，如图 3-18 所示。

图3-18　通讯录页面

(2) 通讯录页面的左侧是"联系人分组"列表，电子信箱默认有 5 个分组，朋友、亲人、同事、网友、常用联系人。用户可以单击[新建组]链接自定义分组，也可以添加联系人到不同的分组，如图 3-18 所示。

(3) 单击联系人的姓名或者电子信箱地址，如图 3-18 黑框部分所示，可查看此联系人的详细信息，如图 3-19 所示。

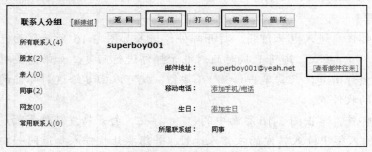

图3-19　查看联系人详细信息

(4) 单击 写信 按钮，将自动跳至写信页面，并自动在"收件人"输入框中填写收件人的地址。单击 编辑 按钮，可对联系人的资料进行编辑。单击 [查看邮件往来]链接，则可查看与此联系人往来的所有邮件信息。

(5) 复选部分联系人,再单击 写信 按钮,邮件将会发给所有复选的联系人。如图 3-20 所示。

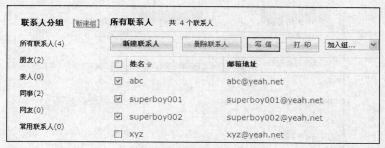

图3-20 复选多个联系人

(6) 写信时,只需单击写信页面右侧的按钮,在已建立好的通讯录上选择收件人即可,无须再手动输入,如图 3-21 所示。

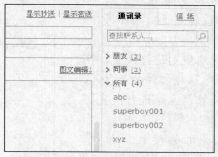

图3-21 从通讯录添加地址

3.3.4 拒收垃圾邮件

早些时候,病毒邮件和垃圾邮件让很多使用电子信箱的用户感到头疼。后来电子信箱服务商推出了带有杀毒功能的电子信箱后,带病毒的电子邮件就很少见了,但是垃圾邮件仍然在严重地干扰着用户的生活。其实用户可以借助电子信箱提供的邮件过滤功能,对收到的信件进行有效的过滤。下面介绍一下使用来信分类功能拒收垃圾邮件。

【操作步骤】

(1) 登录电子信箱,进入设置页面。进入电子信箱后,单击页面右上方导航栏中的设置链接,如图 3-22 所示。

(2) 在【邮件管理】分类中单击来信分类链接,如图 3-23 所示。

图3-22 单击"设置"链接

图3-23 单击"来信分类"链接

(3) 进入来信分类界面，如图 3-24 所示。单击 新建分类规则 按钮，新建邮件分类
规则，进入如图 3-25 所示界面。

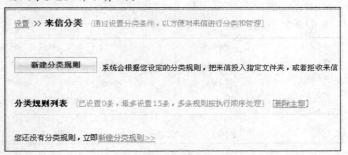

图3-24 单击"新建分类规则"按钮

(4) 在【名称】输入框内，输入为新建的
规则准备的名称，如输入"广告邮
件"。然后选择该规则适用的账号，
一般为默认。

(5) 接下来开始对过滤规则进行设置，可
以在收到邮件时，根据邮件的收件人
地址、发件人地址、主题进行设置，
如图 3-25 所示。

(6) 然后选择 ⊙拒收 单选按钮，单击
确定 按钮即可。按照图 3-25 中的设
置，电子信箱会将发件人地址中包含
"xyz"字段，主题中包含"广告"字
段的邮件视为垃圾邮件而拒收。用户
也可以根据某个特定的电子信箱地
址设置拒收。

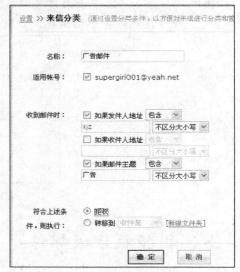

图3-25 设置过滤规则

3.4 Foxmail 的使用

　　Foxmail 是一款优秀的国产电子邮件客户端软件，2005 年 3 月 16 日被腾讯收购。
Foxmail 以其短小精悍的设计、清新友好的界面、实用体贴的功能赢得了国人的喜爱，并被
《电脑报》评为十大国产共享软件之一。Foxmail 的英文版被国际著名的软件杂志 ZDNet
评为最高的五星级软件。

　　目前，Foxmail 的最新版本为 6.5，除了收发邮件等基本功能外，Foxmail 还支持收发不
支持 POP3 方式的 Hotmail、MSN、Yahoo 的邮件。全面支持 Unicode，即可在同一封信件内，
显示和编辑不同国家和地区的语言文字。具有自动学习功能，用户无须手工配置和学习，就
可以准确地判别垃圾邮件。支持对邮件进行数字签名和加密，以确保电子邮件的真实性和保
密性。支持中文 RSS 阅读功能。本节将以 Foxmail 6.5 为例，介绍 Foxmail 的使用。

3.4.1 建立邮件账户

在 Foxmail 安装完毕后，首先需要添加邮件账户到 Foxmail，才能使用 Foxmail 收发指定的电子信箱的邮件。

【操作步骤】

(1) 添加邮件账户。在 Foxmail 安装完毕后，第一次运行时，系统会自动启动向导程序，引导用户添加第一个邮件账户。否则，在程序主界面的菜单栏中选择【邮箱】/【新建邮箱账户】命令，出现如图 3-26 所示界面。

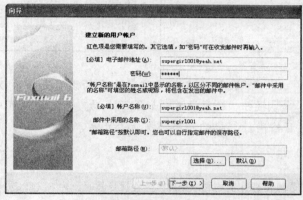

图3-26　建立新的用户账户

(2) 图 3-26 中的红色项为必须填写的，其他项为选填。在"电子邮件地址"输入框中输入用户完整的电子邮件地址，如"supergirl001@yeah.net"。在"密码"输入框中输入电子信箱的密码，也可以不填写。如果不填写，则在每次启动 Foxmail 后的第一次收发邮件时需要输入密码。

(3) 在【账户名称】输入框输入该信箱账户在 Foxmail 中的显示名称，用户可根据喜好随意输入。默认情况下，系统会自动输入用户填写的电子邮件地址。

(4) 在【邮件中采用的名称】输入框中输入用户的姓名或者昵称。当发送邮件时会在邮件上附上姓名，以便收件人在不打开邮件的情况下知道邮件是谁发来的，如果不填，收件人只能看到邮件地址。默认情况下，系统会自动填写用户输入的电子邮件地址的用户名。

(5) 【邮箱路径】用来设置该邮件账户中邮件的存储路径。可以使用默认路径，也可以单击 选择(B)... 按钮，在弹出的【浏览文件夹】对话框中制定邮件的保存路径。

(6) 单击 下一步(X) > 按钮，进入如图 3-27 所示界面。如果用户的电子邮件地址属于 Internet 上比较常用的电子信箱，Foxmail 会自动进行设置。否则，需要用户自己指定邮件服务器和 POP3 账户名。邮件服务器的名称一般可通过浏览器在用户电子信箱的登录页面获得，然后将获得的 POP3 和 SMTP 服务器地址填写到对应的输入框中，而 POP3 账号名就是用户邮箱的用户名（电子邮件地址中"@"号前的字符串），如"supergirl001"。

(7) 单击 下一步(X) > 按钮，进入如图 3-28 所示界面。该界面有一设置项"邮件在服务器上保留备份，被接收后不从服务器删除"需用户选择。如果选中，则邮件在 Foxmail 中收取后在原邮箱中仍然保留备份。否则，邮件在 Foxmail 中收取后，原电子信箱的邮件会被删除。

图3-27 指定邮件服务器　　　　　　　　　　　　　　　　图3-28 完成账户设置

(8)　单击 [测试帐户设置(T)...] 按钮检查电子信箱账户的设置是否成功。如果测试成功，单击 [完成] 按钮，结束设置；如果不成功，返回检查填写的电子信箱账户信息，或者检查计算机的网络环境是否正常。

 要点提示

邮件服务器是对电子邮件进行收发的计算机。邮件服务器可分为 SMTP 服务器和 POP3 服务器。SMTP 服务器用来发送邮件，POP3 服务器用来接收邮件。用户在使用 Foxmail 收发电子信箱的邮件时，需要确保用户的电子信箱支持 POP3 协议，否则将无法使用 Foxmail 收发该电子信箱的信件。以本节中的 yeah 邮箱为例，2007 年后申请的电子信箱都不再支持 POP3。2007 年以前申请的，则仍旧支持。

3.4.2 接收和阅读邮件

在 Foxmail 中接收和阅读邮件的过程和通过浏览器接收和阅读邮件的过程略有不同。但如果在建立电子信箱账户的过程中填写的信息无误，那么在 Foxmail 中接收和阅读邮件则更加简单。

【操作步骤】

(1)　启动 Foxmail，收取邮件。Foxmail
　　 启动后，在界面左侧的电子信箱账
　　 户列表栏中选中电子信箱账户，然
　　 后单击工具栏中的 按钮，如图
　　 3-29 黑框部分所示。如果设置账户
　　 时，没有填写电子信箱密码，系统
　　 会提示输入电子信箱密码。

图3-29 收取邮件

(2)　查看邮件。接收过程中会显示进度条和邮件信息提示，接收完成后，选择电子信箱账户列表栏中电子信箱账户的收件箱，界面的右侧会列出当前该电子信箱内的邮件，如图 3-30 所示。

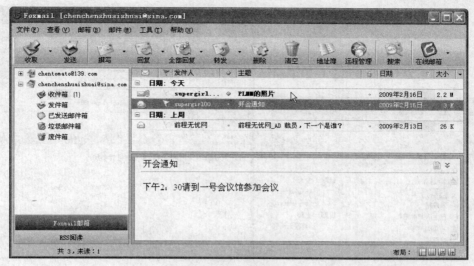

图3-30 预览邮件

(3) 预览邮件。若邮件左侧有 📧 标志，表示该邮件内带有附件。单击邮件列表栏中的一封邮件，邮件的内容会显示在邮件预览框，如图 3-30 所示。

(4) 双击邮件标题，将弹出单独的邮件阅读窗口显示邮件，如图 3-31 所示。

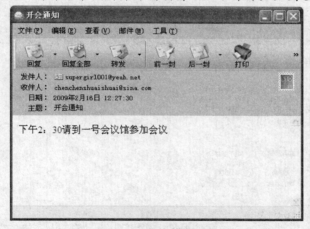

图3-31 单独窗口显示邮件

3.4.3 撰写和发送邮件

本小节将介绍使用 Foxmail 撰写和发送邮件等操作。

【操作步骤】

(1) 单击工具栏中的 按钮，如图 3-32 所示。弹出【写邮件】窗口，如图 3-33 所示。

(2) 在"收件人"输入框中填写收件人地址。如果邮件要发送至多人，可用英文的逗号、分号或者按 Enter 键将邮件地址分隔开，也可以在"抄送"输入框中输入其他收信人的邮件地址，如图 3-33 所示。

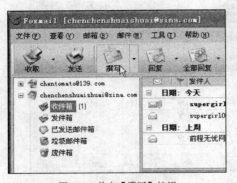

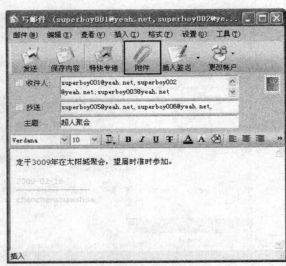

图3-32 单击【撰写】按钮   图3-33 撰写邮件

(3) 在"主题"输入框中填写邮件的主题,如"超人聚会"。

(4) 添加附件。如果需要在邮件中添加附件,单击"写邮件"窗口中的 附件 按钮,如图 3-33 黑框部分所示。然后在弹出的【打开】对话框中,选择需要添加的附件,如图 3-34 所示,单击 打开(O) 按钮,完成附件添加。

图3-34 【打开】对话框

(5) 编辑完邮件后,核对收信人的地址和正文内容是否正确,如果无误,就可以单击"写邮件"窗口中的工具栏里的 按钮发送邮件,系统会先保存邮件后发送邮件,这样即使发送失败,邮件也会被保存到发件箱中。

3.4.4 多账户管理

Foxmail 的一个突出特点就是支持对多用户、多账户以及多电子信箱的管理。如果用户拥有多个不同的电子信箱,或者有多个用户使用同一台计算机上的 Foxmail 软件收发 E-mail,多账户管理会给用户管理电子信箱带来很大的方便。

【操作步骤】

(1) 启动 Foxmail，选择【邮箱】/【新建邮箱账户】命令，如图 3-35 所示。

(2) 接下来的步骤和第 3.4.1 节的操作步骤是一致的，具体操作步骤可参考 3.4.1 节建立邮件账户。

(3) 账户加密。为防止邮件被其他人查看，可以对账户进行加密。在邮件账户列表栏中选择需要设置口令的账户，单击右键，在弹出的快捷菜单中选择"设置账户访问口令"命令，如图 3-36 所示。

(4) 在弹出的【口令】对话框中，输入账户访问口令，如图 3-37 所示，然后单击 [确定] 按钮。被加密的账户前面会有一把锁作为标记，表示账户已经加密。使用该账户收发邮件时，将要求用户先输入正确的口令，才可继续其他的操作。

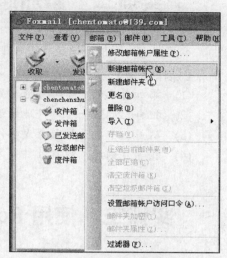

图3-35 选择【新建邮箱账户】命令

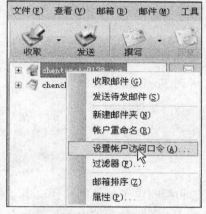

图3-36 选择"设置账户访问口令"命令

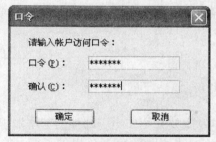

图3-37 【口令】对话框

实训一 给自己发送一封带附件的电子邮件

本实训要求根据 3.2 节、3.3 节的内容，练习添加附件，发送电子邮件等操作。

【操作步骤】

(1) 注册自己的电子信箱。

(2) 登录申请的电子信箱。

(3) 添加附件，发送邮件给自己的电子信箱。

(4) 等待片刻后，在自己的另一个电子信箱里查收邮件，并下载附件到本地主机。

实训二　添加通讯录和设置邮件过滤规则

本实训练习添加通讯录和设置邮件过滤规则。

【操作步骤】

(1)　添加自己的电子邮件地址到通讯录。

(2)　把自己的另一个邮件地址设为拒收。

(3)　从另一个电子信箱里发邮件给自己。

(4)　稍等片刻后，观察收件箱内是否收到新邮件。

实训三　使用 Foxmail 6.5 发送和接收邮件

本实训练习使用 Foxmail 6.5 发送和接收邮件。

【操作步骤】

(1)　安装 Foxmail6.5，建立邮件账户。

(2)　撰写发送邮件给自己的另一个电子信箱。

(3)　等待片刻后，查看另一个电子信箱是否收到邮件。

(4)　收到邮件后，回复邮件给发信电子信箱，并用 Foxmail 查收。

小结

本章主要介绍了电子邮件的基本知识，以及发送和接收电子邮件等操作。电子邮件的出现，给人们相互之间通信提供了很大的方便，Internet 上各种免费的电子邮件让所有人都有机会和世界上其他地方的人们进行通信。了解电子邮件的基本工作原理，掌握电子邮件的发送等基本操作是一个生活在 21 世纪的人的基本技能。

Foxmail 是我国十分流行的专业的电子邮件客户端软件,高安全性和操作的方便性是它最大的特点。

习题

1.　例举几个国外的免费电子信箱。

2.　简述电子邮件的发送原理。

3.　结合实际情况，讨论电子邮件给人类生活带来的好处和坏处。

4.　添加 3 个以上同学的电子邮件地址到通讯录，并群发同一邮件给他们。

第4章 网络资源搜索

本章主要介绍使用搜索引擎在 Internet 上搜索资源的方式。通过本章的学习，可以了解搜索引擎的作用，并知道一些常用的搜索技巧和搜索引擎的高级应用，帮助用户可以更好地使用搜索引擎搜索各种资源。

学习目标

了解搜索引擎基本工作原理。
了解常用的搜索引擎。
掌握搜索引擎的使用方法。
理解搜索引擎的语法的应用。

4.1 认识搜索引擎

由于 Internet 开放性的特点，每个连接到 Internet 上的用户，都可以在 Internet 上发布自己的资源。随着 Internet 的日益发展和个人计算机的普及，Internet 上的资源数量开始呈指数级增长的趋势。资源数量的飞速增长也带来一些问题，经常上网查找资料的人在面对纷繁芜杂的 Internet 资源时，常常会有无从下手的感觉。Internet 上的资源数量究竟有多少，估计没有人能够说清楚。那么用户如何才能从无数的资源中找出对自己有用的资源呢？搜索引擎的出现帮用户解决了这个难题。

4.1.1 搜索引擎简介

搜索引擎是一种能够为用户提供检索功能的工具，它通过对 Internet 上的信息进行收集、解释、处理、提取、组织和存储后，为用户提供检索服务。从用户的角度来讲，搜索引擎是一个提供搜索框的页面，用户在搜索框中输入要查询的内容，内容通过浏览器传递给搜索引擎，搜索引擎会根据用户输入的内容，返回相关内容的信息列表。

根据收集信息的方法不同，可以将搜索引擎分为如下两类。

1. 全文搜索引擎

全文搜索引擎被认为是完整意义上的搜索引擎。全文搜索引擎使用"蜘蛛"程序，自动在 Internet 上收集信息，然后自动地存储到数据库中。当用户查询时，全文搜索引擎从自己的数据库中检索与用户查询条件相匹配的记录，并将结果按照一定的顺序返回给用户。

全文搜索引擎对信息的收集主要有两种方法。

（1）定期搜索：指每隔一段时间，搜索引擎就会派出自己的"蜘蛛"程序，对指定的IP 地址范围内的网站进行检索，一旦发现有新的网站，"蜘蛛"程序会提取出网页的相关信息到自己的数据库。

（2）提交网站搜索：即网站所有者主动向搜索引擎提出申请，要求添加他们的网站信息到搜索引擎，搜索引擎会派出自己的"蜘蛛"程序到指定的网站上提取信息，并保存信息到数据库。

全文搜索引擎的特点在于其收集的网页较为齐全。用户查询时，能够返回给用户的查询结果也是较为丰富的，但是无法保证查询结果的质量。全文搜索引擎的典型代表如百度、谷歌。

2. 目录索引

有人认为目录索引不能算是完整意义上的搜索引擎。因为虽然目录索引有搜索功能，却是由人工挑选了 Internet 上的一些优秀的网站，并对这些网站进行简要的描述，分类放置到不同的目录下。用户查询时，需要按照分类目录查找自己想要的网站。目录索引的优点是在查找一些比较高深的专业知识时，用户对自己要查找的内容属于哪个目录很清楚，可以很方便地查找到和该专业相关的优秀网站。缺点是当用户不清楚自己要搜索的内容属于哪个目录时，搜索起来就比较费力气了。目录索引的典型代表如雅虎。

目前，全文搜索引擎与目录索引已有相互融合渗透的趋势。原来一些纯粹的全文搜索引擎现在也提供目录搜索，如谷歌就借用 Open Directory 目录提供分类查询。而雅虎这些老牌目录索引则通过与谷歌等搜索引擎合作扩大搜索范围，现在的雅虎在默认搜索模式下，返回的是全文搜索的结果。

4.1.2 常用的搜索引擎

现在 Internet 上的搜索引擎有很多，包括中文搜索引擎、英文搜索引擎等，并且多数中文搜索引擎还有相对应的英文版或其他语种版本，本章将以中文搜索引擎为主进行介绍。

1. 百度搜索引擎

2000 年从美国留学归来的李彦宏和徐勇创立了百度。目前的百度是中文搜索引擎之王，在中文搜索市场上具有统治性的地位。作为我国本土开发出来的搜索引擎，无论是其提供的各种服务，还是其广告宣传都十分符合国人的口味。所以，百度搜索引擎以其高准确性、更新、更快、更符合中国人的思维以及服务稳定的特点，深受我国网民的喜爱。

2. Google 简体中文搜索引擎

美国斯坦福大学的学生 Larry Page 和 Sergey Brin 于 1998 年共同开创了 Google。Google 目前被公认为全球最大的搜索引擎，中文名为"谷歌"。它收录了超过 150 亿个网页，而它的主页却十分简单，整个主页只有一个用来填写查询信息的输入框和两个搜索按钮、LOGO及搜索分类标签。Google 提供和开发了各种各样让人匪夷所思的服务，如 Google Earth、电话定位等。

3．雅虎搜索引擎

同样是美国斯坦福大学的学生，杨致远和 David Filo 于 1994 年共同开创了雅虎。雅虎共收录了全球 120 多亿个网页（其中雅虎中国为 12 亿），支持 38 种语言，精准的目录索引搜索技术。但是由于目录索引搜索方式的局限性以及全文搜索引擎技术的崛起，导致雅虎在过去几年里在搜索引擎市场所占的份额大幅下滑。所幸的是雅虎已经开始改用为全文搜索引擎技术。目前，雅虎以其积累的技术实力，在国际搜索引擎市场仍占有举足轻重的地位。

4．搜搜搜索引擎

腾讯公司旗下的搜索网站是中文搜索市场的一个新兴力量。它之所以能取得中文搜索市场第 3 的位置，主要依赖于腾讯旗下的即时通信软件 QQ。QQ 是我国年轻人最喜欢的即时通信软件，QQ 里直接集成了搜搜，方便用户在用 QQ 进行网上聊天时，直接搜索。

5．搜狗搜索引擎

2004 年 8 月 3 日，搜狐正式推出全新独立域名的专业搜索网站"搜狗"，提供全球网页、新闻、商品、分类网站等搜索服务，成为全球首家第 3 代中文互动式搜索引擎服务提供商。

除了上面 5 大中文搜索引擎外，下面给读者列举一些专业的中文搜索引擎。

6．北大天网搜索引擎

除提供全文索引搜索外，还提供北京大学、中国科院等 FTP 站点的检索。

7．网络中国电子图书搜索引擎

提供数万本电子图书（E 书）免费下载。分为综合类、科教类、小说类 3 大类，每个大类下又分为若干小类别。搜索方式包括书名和作者两种。

8．有道购物搜索引擎

有道购物搜索是网易于 2009 年 1 月全新推出的搜索产品。收录了上百家知名网上商城的 600 万商品（仍在不断增加），提供商品比价功能，独立公开的商城评论平台。

9．BT@China 搜索引擎

搜索电影、电视剧、动漫、综艺、喜剧、动作、游戏、视频、软件等丰富的资源。

要点提示

上面为大家列举了很多功能强大的搜索引擎，它们都有自己的独特之处，所以当用户使用其中一个搜索引擎查询不到想要的内容时，可以使用多个搜索引擎进行查询，或许会有意想不到的收获。

4.2　搜索引擎的应用技巧

无论是百度和谷歌，还是其他搜索引擎，虽然它们采用的搜索技术不同，但是从用户的角度来讲，用户看到的只是界面的稍有不同而已，其操作的方法基本都是一致的。现在忽略这些搜索引擎内部的不同，分别从全文搜索和目录索引的角度介绍搜索引擎的使用技巧。

4.2.1 全文搜索

百度采用全文搜索的方式进行搜索，其作为用户最喜欢的中文搜索引擎，本节就以百度为例介绍它的功能和使用技巧。

1. 百度搜索引擎的界面

读者对百度的界面应该不太陌生，在讲解本书的第 2 章浏览器的操作时，就曾以百度的主页为例，下面让读者再熟悉一下百度的搜索引擎界面（不要忘记在浏览器的地址栏中输入"http://www.baidu.com"），如图 4-1 所示。

图4-1　百度搜索引擎界面

2. 网页搜索

进入百度的搜索引擎界面后，默认的搜索选项是网页搜索。用户只需在查询信息输入框中输入想要查询的关键字信息，如"人民邮电出版社"，然后单击 百度一下 按钮。片刻后，百度就会将查询结果在一个新的页面中返回给用户，如图 4-2 所示。

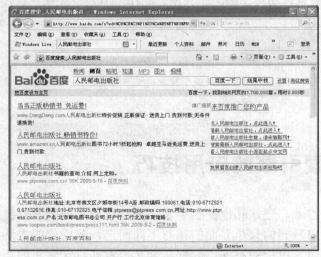

图4-2　搜索结果显示

在图 4-2 中可以看到，与人民邮电出版社有关的网页链接及该网页的内容概要都显示出来了，用户可以单击该网页的链接查看该网页的详细内容。

百度默认的是每页显示 10 条查询结果，用户可以单击页面底部的 下一页 链接或者单击对应的页码链接查看其他的查询结果，如图 4-3 所示。

若查询的结果和用户想要的结果不一致，百度提供了"相关搜索"服务给用户以帮助，"相关搜索"中列出了和用户输入的关键字信息相关的热门查询内容，如图 4-3 所示，列出了和"人民邮电出版社"相关的热门关键字。如果用户想要查询的关键字信息正好在"相关搜索"中，直接单击对应的链接就可以得到该关键字信息对应的搜索结果了。

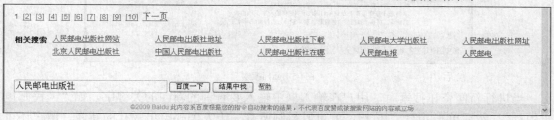

图4-3 "下一页"和"相关搜索"

3. 百度快照

用户也可以单击每条结果后的"百度快照"链接，查看保存在百度数据库中的该网页的内容。"百度快照"可以帮助用户查看一些已经过期的网页，或者当用户的网速不太流畅时，可以加快用户查看该网页的速度。另外，"百度快照"中的网页会把用户查询的关键字信息用其他颜色标记起来，帮助用户快速定位要查询的内容，如图 4-4 所示。

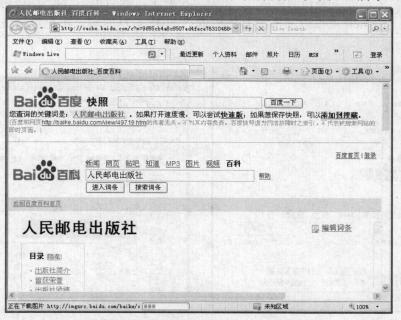

图4-4 "百度快照"内容

4. 新闻搜索

单击 新闻 链接，进入百度新闻页面，该页面上将列出最新的方方面面的新闻，从政治到娱乐，并会每隔 5 分钟自动更新一次，如图 4-5 所示。

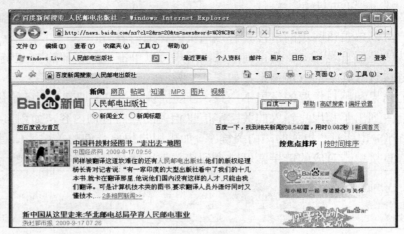

图4-5　新闻搜索

当进行新闻资讯搜索时，用户在输入框中输入要查询的新闻的关键字，如"人民邮电出版社"，然后单击 百度一下 按钮，就可以得到所有关于人民邮电出版社的新闻。用户还可以选择从新闻全文或者新闻标题中进行搜索，如图 4-5 黑框部分所示。"新闻全文"是指百度会搜索所有内容中包含用户查询的关键字的新闻网页，"新闻标题"是指百度只搜索标题中包含有用户查询的关键字的新闻网页，百度默认的是从"新闻全文"中进行搜索。

5. MP3 搜索

单击MP3链接，进入 MP3 搜索页面，用户在输入框中输入想要搜索的歌曲的名称或者是歌手的名字，如"天使的翅膀"，如图 4-6 所示，然后单击 百度一下 按钮，会在新的页面中列出 Internet 上该歌曲的所有的资源，如图 4-7 所示，用户可以进行试听或者下载。

图4-6　MP3 搜索

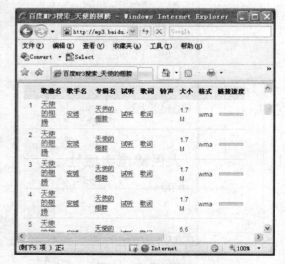

图4-7　MP3 搜索结果

百度提供了多种分类供用户进行搜索，这些分类包括视频、歌词、MP3、rm、wma、其他、铃声和彩铃。

6. 图片搜索

单击图片链接，进入图片搜索界面，在输入框中输入关键字就可对图片内容进行搜索，如输入"九寨沟"，如图 4-8 所示。然后单击 百度一下 按钮，用户就可以在新的页面中欣赏九寨沟的美景了，如图 4-9 所示。

图4-8 图片搜索

图4-9 图片搜索结果

百度提供了多种分类以方便用户进行搜索，这些分类包括新闻图片、全部图片、大图、中图、小图和壁纸。

7. 视频搜索

单击视频链接，进入视频搜索页面，如图 4-10 所示，在输入框中输入要查询的关键字，如"街舞教程"。然后单击 百度一下 按钮，即可观看有关街舞的视频了，如图 4-11 所示。

图4-10 视频搜索

图4-11 视频搜索结果

百度提供了很多关于视频的"热门分类"供用户选择，用户也可以通过这种途径搜索视频。

4.2.2 目录索引

随着技术的发展，能提供目录索引搜索方式的搜索引擎已经寥寥无几了，但 Google 还保留了目录索引式的搜索服务。下面来看看使用 Google 的网页目录查询关于"黑客教程"的信息。

(1) 浏览器的地址栏中输入 "http://www.google.com/dirhp?hl=zh-cn"，按 Enter 键，进入网页目录搜索界面，如图 4-12 所示。

(2) 单击"计算机"类别下的"互联网络"链接，打开如图 4-13 所示页面，该页面中列出了一些关于互联网络的更细分类。

图4-12 "Google 网页目录"界面

图4-13 进入"互联网络"目录

(3) 单击"安全"链接，进入如图 4-14 所示页面，该页面中列出了一些关于网络安全的优秀网站。

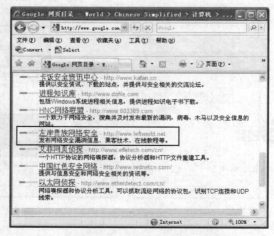

图4-14 进入"安全"目录

(4) 在如图 4-14 所示页面中，可以看到有一个网站是与黑客教程相关的，如图 4-14 黑框部分所示，单击该链接，可进入该网站。

【知识拓展】——Google Earth

读者可能会怀疑，Google 仅仅依靠支持目录索引搜索，就可以号称是无所不能吗？当然不是，Google 拥有很多能让读者匪夷所思的产品，而这些产品中最为出名的是 Google Earth。

Google Earth 整合了 Google 的本地搜索以及驾车指南两项服务，将取代目前的桌面搜索软件。Google Earth 利用宽带流以及 3D 图形技术，让人们在家里就可以享受全世界的美丽风光，人们可以鸟瞰世界，可以在虚拟世界中如同一只雄鹰在大峡谷中自由飞翔，登录峡谷顶峰，潜入峡谷深渊。

最新的 Google Earth 已经到了 5.0 版本，而且首次开始支持简体中文版本语言。新版本 Google Earth 的主要目标是让用户能全面地了解自己生活的地球。其主要新增加的功能包括，Google Ocean（谷歌海洋）功能、大气层功能、历史图像功能，能够让用户实现时空倒流般的地球旅行，浏览火星图片功能。

下面介绍 Google Earth 的基本使用技巧。

（1）首先需要安装 Google Earth 软件到本地硬盘，由于工作过程中 Google Earth 需要从网上下载地图图片，所以还要保证本地计算机能够连接 Internet。安装过程，这里不再详述。

（2）安装完成后双击 图标，打开 Google Earth 主界面，如图 4-15 所示。

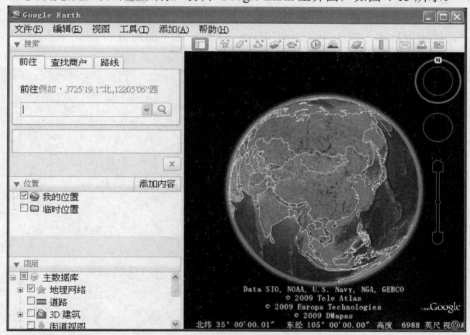

图4-15 Google Earth 主界面

（3）前往国家体育场"鸟巢"。国家体育场"鸟巢"是 2008 年北京奥运会主体育场馆，是每个中国人都想去看一看的地方。使用 Google Earth 可以从卫星图片的视角，看到另一种别样的"鸟巢"。选择系统界面左侧的【前往】选项卡，在输入框中输入"国家体育场鸟巢"，然后单击输入框右侧的 按钮进行查找。Google Earth 会自动把视角带到"鸟巢"的上空，如图 4-16 所示，可以清楚地看到"鸟巢"和矗立在它旁边的"水立方"的俯视图。如果感觉不够清晰，可以向上滚动鼠标滑轮，放大图片的缩放比例。

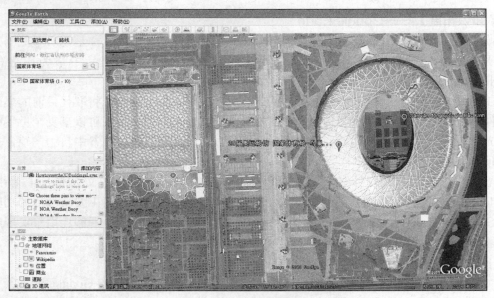

图4-16　Google Earth 中的国家体育场"鸟巢"

（4）按照步骤（3）的方法，用户可以飞往世界各地的著名景点去感受不同的地域风光。Google Earth 还提供了一种功能，可以显示两个地点之间的行车路线。切换到【路线】选项卡，在上面的出发地输入框中输入"清华大学"，然后在下面的目的地输入框中输入"北京大学"，然后单击 🔍 按钮，出现如图 4-17 所示界面，路线一目了然。

图4-17　从清华大学到北京大学的路线

（5）看完了陆地上的景观，想不想到海里看看呢？Google Earth 的 5.0 版本新增加了谷歌海洋功能，接下来就让 Google Earth 带用户一起去领会一下海底的迷人景色，如图 4-18 所示。

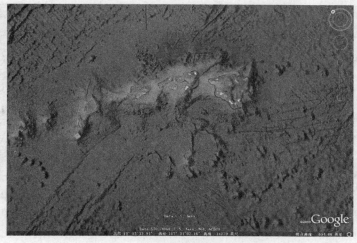

图4-18 夏威夷群岛的海底山脉

（6）想不想到太空去遨游一下呢？Google Earth 还可以带用户去看一下遥远而又神秘的火星，单击工具栏中的 <img> 按钮，在弹出的列表中选择【火星】命令，如图 4-19 所示。

图4-19 选择【火星】命令

（7）接下来出现在用户眼前的就是传说中的火星了，如图 4-20 所示。感兴趣的用户可以找一下"勇气号"第一次登录火星时的位置。

图4-20 Google Earth 中的火星

（8）领略完火星的别样风光，再去看看充满神话色彩的星座和浩瀚无边的太阳系。和步骤（6）类似，单击工具栏中的 <img> 按钮，在弹出的列表中选择【星空】命令，首先出现的是宇宙中的各个星座，这个时候拖动鼠标的话，大家可以找一找自己的星座，如图 4-21 所示。如果刚才没有拖动鼠标，Google Earth 会把用户带到太阳系的视角，如图 4-22 所示。

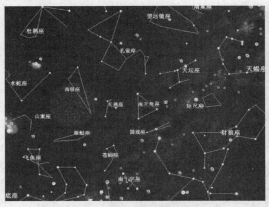

图4-21　Google Earth 中的星座图　　　　　图4-22　Google Earth 中的太阳系

　　"不识庐山真面目，只缘身在此山中。"太阳系是人类一直生活的地方，以前人类只能在脑海中想象它的模样，多么熟悉而又陌生的地方。现在 Google Earth 从另一个视角，帮助人们终于揭开了太阳系的神秘面纱，使用户坐在计算机前就可以畅游这浩瀚无穷的宇宙。

4.3　搜索引擎的语法技巧

　　在 4.2 节里，本书介绍了搜索引擎所具有的种种功能，但是在使用搜索引擎进行搜索的时候，还是会面临一些问题。比如，搜索关于"苹果"的信息，搜索引擎返回的结果是五花八门的，从"苹果手机"到"电影苹果"，里面有很多内容并不是用户想要的，这时就需要想办法让搜索引擎知道用户想要什么样的结果。

4.3.1　选择合适的关键词

　　选择合适的关键词是最基本也是最有效的搜索技巧。目前的搜索引擎并不能很好地处理自然语言，用户最好把自己的想法提炼成简单的，与希望找到的信息内容有关的关键词。在选择关键词时，用户应注意积累自己的经验，多体会搜索引擎的工作规律。

1. 选择多个关键词，尤其在搜索的关键词是多义词的情况下

　　一个关键词往往无法描述准确的意思，用户需要从复杂的搜索中提炼出最具有代表性的关键词。在输入关键词时，还需要确保关键词的拼写是否正确，往往一字之差，搜索到的结果可能是截然不同的。另外，可以输入多个关键词帮助搜索引擎理解用户想要的结果，如输入"苹果电脑 价格"，搜索引擎就会明白用户要查找的内容是关于苹果电脑价格的网页。

2. 根据网页特征选择关键词

　　很多类型的网页都有各自相似的特征，用户可以根据这些特征，选择有效的关键词。例如，有关软件下载的网页，通常软件的名称会出现在网页的标题中，而且网页中会有"下载"等关键词。比如，要下载搜狗输入法软件，可以用"搜狗输入法 下载"作为关键词。

3. 强制搜索

在输入关键词时，可以加上双引号进行限制，尤其适用于查找名言警句和专有名词的情况。若不加双引号，搜索结果将包括所有含有所使用的关键词的网页，而不论这些关键词的顺序如何。加上双引号后，搜索引擎将按照与指定的内容完全相同的关键词进行搜索。如查找"苹果电脑"，不加双引号时，搜索引擎会把关于"苹果"、"电脑"、"苹果电脑"或者"电脑苹果"的网页都查找出来。加上双引号时，搜索引擎只查找关于"苹果电脑"的网页。

4. 少用常见词

尽量不要使用如"的"、"我的"或"地"之类的常见词语，除非要查找特定的标题。如果这些词语是需要查找的内容的一部分（例如歌曲名），需加入常见词语并在词语上加上引号。

4.3.2 搜索逻辑命令

一般的搜索引擎都支持逻辑命令查询，使用逻辑命令可以有效地帮助用户扩大和缩小查询的范围，使用户能更有效地使用搜索引擎，提高搜索精度。常用的逻辑命令包括"+"和"–"，或者是对应的布尔逻辑符"and"、"or"和"not"。

1. "and"、"+" 和空格

"and"、"+"和"空格"的功能一样。如搜索"古代+火箭+发明"，则在搜索结果中只列出同时包含 3 个关键字的记录。

2. "or" 和 ","

"or"和","的功能一样。当用它们把关键词分开时，表示查找的内容不必同时包括这些关键词，或者只包括其中任何一个关键词即可。

3. "not" 和 "–"

"not"和"–"的功能一样。当要把某项内容从结果中排除时，可以在对应的关键词前加"–"。如查找"美国著名大学"，但必须没有"哈佛大学"的网页，可以用"美国著名大学 –哈佛大学"作为关键词。

 要点提示

不要在符号和关键词之间添加空格，否则符号将无法起到作用，如输入的"美国著名大学 –哈佛大学"，而不是"美国著名大学 – 哈佛大学"。

4.3.3 特殊搜索命令

搜索引擎提供了很多特殊搜索命令供用户使用，合理利用这些命令会让用户的搜索达到事半功倍的效果。一些黑客甚至利用这些命令收集需要的信息。由于命令较多，这里只介绍几个常用的来满足用户的日常需求。如果对这些命令有特别的兴趣，可以尝试自己用搜索引擎查找一下这些命令和它们的用法。

1. "inurl"

URL 是统一资源定位符，"inurl"是指在 URL 中查询。网页的 URL 中经常会包含一些有价值的信息，用户可以通过这些信息，定位想要查找的网页。如明星的个人资料网页的 URL 中经常会包含明星的名字，如查找"周杰伦"的个人资料，可以用"inurl zhoujielun"来查询。

2. "site"

"site"的作用是在特定的网站内搜索。如果知道某个网站有想要查找的内容，就可以用"site"缩小搜索的范围，提高搜索的速度。如"迅雷 site:www.duote.com"，搜索结果就会把多特网中所有可以下载迅雷的网页列出来。

3. "filetype"

"filetype"的作用是指定下载的文件类型。例如，要查找关于计算机应用的课件，可以用"计算机应用 filetype:ppt"来查询，搜索结果会列出所有的关于计算机应用的课件，可以直接单击下载。

灵活地应用搜索引擎的功能和语法，会帮助用户在学习和生活中节省大量的时间和精力，起到事半功倍的效果。

【知识拓展】——搜索引擎应用技巧之学习应用

当遇到书里找不到答案，而老师也解决不了的问题时，去哪里找答案呢？搜索引擎也许可以帮助读者。一般读者遇到的问题，其他人也会遇到，而且往往已经把问题的解决方法放到了网上，搜索引擎可以在世界范围内搜索问题的答案，帮助读者把答案找出来。

（1）翻译难题。学习中经常会有一些资料是用外文写的，对于外语不太好的同学，一个个陌生的单词实在让人头疼，还好有搜索引擎来帮读者解决这个难题。

打开 Google 的主页，单击"翻译"链接，如图 4-23 所示。

图4-23　单击进入 Google 翻译

进入 Google 翻译的页面后，在输入框中输入需要翻译的外文文字内容或者需要翻译的网页网址，然后单击 **翻译** 按钮。片刻后，搜索引擎会把翻译好的内容返回过来（Google 翻译支持 40 多种语言之间相互翻译），如图 4-24 所示。

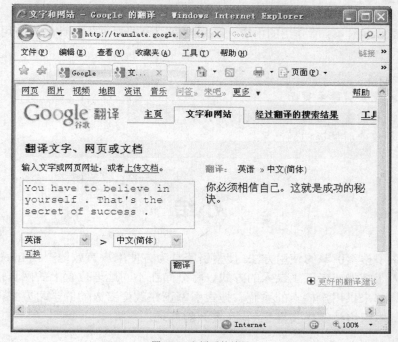

图4-24 翻译后的结果

（2）计算难题。读者可以输入一个特别复杂的公式，来测试搜索引擎。无论是正弦、余弦，还是阶乘、开方、对数、幂运算，搜索引擎都可以计算出结果。所以，当遇到特别复杂的计算题时，不要忘记还有搜索引擎可以帮助读者计算。

（3）生僻字难题。从古代的象形文字到今天的简体汉字，汉字的数量是相当惊人的。据不完全统计，汉字的数量在 10 万个以上，而读者常用的汉字大概只有 2 万多个，相当大一部分的汉字对于一般人来说都是生僻字，所以学习中读者经常会遇到一些生僻字。如"燚"字，可以在搜索引擎中输入"4 个火是什么字"，相信搜索引擎会给读者一个满意的答案。

实训一　使用搜索引擎搜索同名同龄人

本实训要求根据 4.2 节介绍的内容，使用搜索引擎搜索和自己的姓名相同而且年龄也相同的人。

【操作步骤】

（1）进入搜索引擎主页面。

（2）选择关键字并输入到搜索引擎。

（3）查看搜索引擎返回的结果。如果结果不合适，调整关键字后，重新查询。

实训二　使用搜索引擎搜索特定的文件

本实训要求根据 4.3 节介绍的内容，使用搜索引擎搜索关于"计算机应用"的"doc"格式的文件。

【操作步骤】

(1)　进入搜索引擎主页面。

(2)　选择关键字和语法并输入到搜索引擎。

(3)　查看搜索引擎返回的结果。

小结

本章介绍了搜索引擎的使用方法。搜索引擎是为方便用户有效地查找 Internet 上的各种资源，利用人工智能或者手工录入的方式，将分布在不同地理位置上的网页信息，按照一定的格式收集起来供用户检索的系统。搜索引擎正在改变着人们的学习方式，掌握搜索引擎的使用等基本网络技能是获得 Internet 资源的基础。

习题

1.　比较全文搜索引擎和目录索引搜索引擎的不同之处。

2.　利用 4.1.2 小节中介绍的各个搜索引擎分别对图片类型和视频类型的信息进行搜索，根据搜索结果比较各个搜索引擎的优势。

3.　练习使用 Google 的网页目录搜索所需信息。

4.　练习在百度搜索引擎中使用关键词查询的方式搜索所需信息。

5.　练习在百度搜索引擎中使用逻辑命令搜索所需信息。

6.　练习在 Google 搜索引擎中使用特殊命令搜索所需信息。

7.　练习在 Google Earth 中查找自己现在所处的位置。

第5章 网络资源下载

本章主要介绍把搜索到的宝贵的网络资源下载到本地磁盘中的方法。

学习目标

了解常用的下载方法。

了解使用浏览器保存网页的方法。

掌握 CuteFTP Pro 的使用方法。

掌握迅雷的使用方法。

了解 FTP、P2P 技术的工作原理。

5.1 常用的下载方法概述

Internet 上的资源是丰富多样的，其中包含很多对用户有用的网页、软件、影音等资源。很多用户希望能够把这些资源保存到本地的硬盘上，以方便日后的使用。选择一个合适的下载方式就成为一个很重要的问题，下面让读者认识一下目前常用的几种下载方法。

5.1.1 通过浏览器下载

通过浏览器下载资源是最常见的网络下载方式之一。在保存网页及其中的文字、图片、Flash 等资源的时候，使用浏览器进行下载是最为方便的方法。另外，还有很大一部分可下载的资源以超链接的形式提供在网页上，下载这些资源也可以直接在浏览器中进行。

通过浏览器下载时，首先需要获得有效的资源链接，然后在浏览器的地址栏中输入该链接，浏览器会根据 HTTP 协议（超文本传输协议）的规定，按照一定的格式发送下载资源的请求给存放该资源的服务器。

服务器收到用户的请求，进行必要的操作后，发送资源给用户。这一过程中，在网络上发送和接收的数据都被分成了一个或者多个数据包。当所有的数据包都到达目的地后，会重新组织到一起。其下载过程示意图如图 5-1 所示。

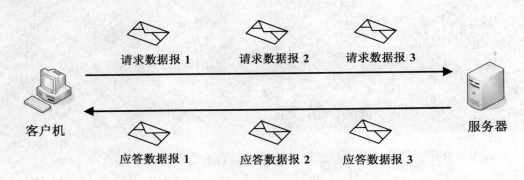

图5-1　通过浏览器下载过程示意图

　　直接使用浏览器下载资源存在两大缺点：一是当通过浏览器下载资源时，只能直接从服务器上下载资源到本地，尤其当下载该资源的人数较多，或者网络的带宽情况较差时，通过浏览器下载资源的速度是相对较慢的；二是不支持断点续传。如果一个文件较大，需要下载的时间较长，在下载的过程中很可能会出现网络中断、系统重启等情况中断了文件的下载，那么需要重新下载该文件。

5.1.2 通过 FTP 下载

　　FTP（File Transfer Protocol，文件传输协议）下载方式是最为古老的下载方式，在还没有出现 WWW 服务的时候，FTP 就已经被广泛地使用。目前，FTP 仍是 Internet 上最为常用的服务之一。当使用 FTP 下载资源时，需要先找到 FTP 服务器的地址，FTP 下载速度比较稳定，并支持断点续传的功能，即使在下载的过程中出现了中断，重新连接后仍可以接着原来的进度继续下载。

　　FTP 采用客户机/服务器的工作模式。其中，把用户本地的计算机叫做 FTP 客户机，把提供 FTP 服务的计算机叫做 FTP 服务器。

　　FTP 服务器上存放着各种各样的资源，用户可以通过客户机访问 FTP 服务器下载想要的资源。用户在访问 FTP 服务器之前必须先登录，登录时要求用户输入 FTP 服务器提供的账号和口令。登录成功后，用户才可以从服务器下载文件。为了方便用户的下载，有些 FTP 服务器支持匿名登录，用户可以使用通用的用户名和密码登录。通常匿名登录的账号是 Anonymous，密码是 anonymous。使用 FTP 下载的过程和通过浏览器下载的过程类似，如图 5-1 所示。

　　访问 FTP 服务器可以通过浏览器，也可以通过专用的 FTP 工具，如 CuteFTP Pro 等。

　　使用 FTP 下载主要有两大缺点：一是资源少，因为需要有人架设 FTP 服务器并开放，而架设 FTP 服务器，很少能获得经济利益或其他利益，所以限制了资源的数量；二是当下载的人数较多时，下载速度就会变慢。

　　所以，一般只有学校、企业或者一些兴趣团体才会架设 FTP 服务器，供内部人员交流使用。

5.1.3 P2P 下载

P2P（Peer to Peer）又称点对点技术，是一种新型网络技术。当用户用浏览器或者 FTP 下载时，若同时下载的人数过多，由于服务器的带宽问题，下载速度会减慢许多。而使用 P2P 技术则正好相反，下载的人越多，下载的速度反而越快。

P2P 技术已经统治了当今的 Internet。据德国的研究机构调查显示，当今互联网 50%～90%的总流量都来自 P2P 程序。P2P 技术的飞速发展归功于一种 BT 工具。BT（BitTorrent）的中文全称为"比特流"，又被人们戏称为"变态下载"。

BT 下载的过程中，每一台客户机都是服务器，客户机和客户机之间相互传递数据。用一句话可以最为形象地形容 BT，"我为人人，人人为我"。每台客户机在下载其他客户机资源的同时，也在上传着自己的资源。BT 的工作原理如图 5-2 所示。

举个例子来解释 BT 的工作原理。服务器首先用 BT 把一个文件分成了很多块，客户机 A 使用 BT 在服务器上随机下载了第 7 块，客户机 B 在服务器上随机下载了第 20 块，这时客户机 A 的 BT 会根据情况到客户机 B 上去拿已经下载好的第 20 块，客户机 B 的 BT 也会根据情况到客户机 A 上去拿已经下载好的第 7 块。当 A 和 B 这样的用户多起来时，数据之间传递的速度就会变得很快。这样就不但减轻了服务器端的负荷，还加快了客户机（A 和 B）的下载速度。所以

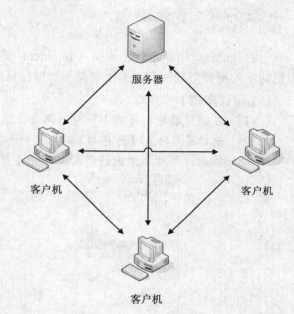

图5-2　BT 工作原理图

说用的人越多，下载的人越多，下载的速度也越快。BT 工具的代表有 BitComet、eMule 等。

另外值得一提的下载工具是迅雷。它采用多媒体搜索技术，可以快速地搜索到网络上的资源，整合了 HTTP 和 FTP 的服务器技术，并对 BT 下载也进行了改进，独创了 P2SP 技术。P2SP（Peer to Server&Peer）是点对服务器和点对点。P2P 技术强化了客户机之间资源的相互下载，但是忽略了服务器的作用。P2SP 则有效地把服务器和服务器上的资源以及 P2P 资源整合到了一起。在下载的稳定性和下载的速度上，都比 P2P 又有了非常大的提高。

使用 P2P 或者 P2SP 技术下载的缺点主要有两个方面，一是由于计算机在不停地上传和下载，会对计算机的硬盘造成一定的损害；二是占用了大量的带宽，其中有很多数据是在重复地传输。

要点提示

对于一些小文件和网页，可以通过浏览器直接下载。对于一些热门的软件或者电影等，可以使用 BT 下载。对于一些大文件，可以使用迅雷下载，以提高下载速度。

5.2　使用浏览器下载资源

当遇到需要下载的网页资源时，通过浏览器保存到本地，可以说是最为方便的一种方法。当需要下载的资源比较小时，用户可以通过浏览器直接下载。使用浏览器下载的一个最大特点就是方便，不需要其他复杂的操作。

5.2.1　保存网页

有些时侯，用户希望在不接入 Internet 的情况下，就能查看某个网页资源。这时就可以把对应的网页资源保存到本地硬盘上，以便日后的访问。

【操作步骤】

(1) 在浏览器中打开准备保存的网页，这里仍以本书以前讲到过的 IE 7.0 为例。

(2) 选择【文件】/【另存为】命令，如图 5-3 所示，或者单击工具栏中的 页面(P)▾ 按钮，然后在弹出的列表中选择【另存为】命令，如图 5-4 所示。

图5-3　【文件】菜单

图5-4　通过 页面(P)▾ 按钮

(3) 在弹出的【保存网页】对话框中，选择网页的保存位置，如图 5-5 所示。然后用户可以自己输入一个新的名字，作为网页的名称，也可以使用默认的名字，一般为该网页的标题。

(4) 在【保存类型】下拉列表中，选择网页的保存类型。保存类型共 4 种，如图 5-6 所示，这里选择"网页，全部"。

(5) 选择编码格式。按照默认编码格式保存即可。

图5-5　【保存网页】对话框

(6) 单击 保存(S) 按钮，弹出【保存网页】对话框，并显示保存进度，如图 5-7 所示。

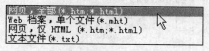

图5-6 网页的保存类型

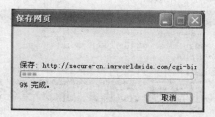

图5-7 网页保存的进度

(7) 网页保存完毕后，将生成一个 HTML 格式的文件和一个同名的文件夹。双击该 HTML 格式的文件即可在浏览器中浏览该网页中的内容。

【知识链接】

❖ "网页，全部"：选择该格式，将按照网页文件的原始格式保存所有文件，比如，网页中的图片等。保存后的网页将生成一个同名文件夹，用于保存网页中的图片等信息。

❖ "Web 档案，单个文件"：选择该格式，也将保存当前网页中的所有文件。此格式与第一种格式的区别在于，该格式保存的网页是将网页中的全部信息保存在一个扩展名为 ".mht" 的文件中，而第一种格式则是把所有的文件保存到一个文件夹中。

❖ "Web 页，仅 HTML"：选择该格式，仅保存 HTML 格式的文本内容与网页框架结构等，不包含网页中含有的图片、声音或其他文件。

❖ "文本文件"：选择该格式，将以纯文本的格式保存网页信息，保存后生成.txt 格式的纯文本文件。

要点提示

下载网页也有专业的工具可以使用，如 WebCopier Pro 等。WebCopier Pro 是一款功能强大的离线浏览器，可以直接使用它浏览网页，也可以使用它下载整个网站的所有网页，还可以使用它分析网站的结构。

5.2.2 下载超链接资源

很多网站都以超链接的形式在网页上提供资源，用户可以直接通过浏览器下载资源到本地计算机。这种下载方式的特点是比较简单，易操作，但不支持断点续传。

【操作步骤】

(1) 在浏览器中打开提供下载资源链接的网页，以下载迅雷软件为例。在浏览器中打开迅雷的官方网站。

(2) 单击 "本地" 链接，如图 5-8 所示，最新的迅雷版本为 5.8.10.675，用户可以选择 "本地" 或者 "天空下载" 链接。"本地" 链接是从迅雷网站的服务器下载，"天空下载" 链接是从 "天空软件站" 网站的服务器下载。

(3) 在弹出的【文件下载 – 安全警告】对话框中，单击 [保存(S)] 按钮，如图 5-9 所示。

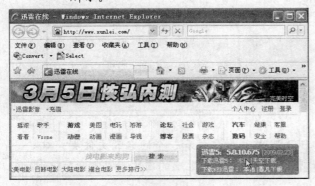

图5-8 "本地"下载

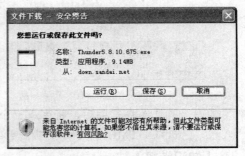

图5-9 【文件下载-安全警告】对话框

(4) 在弹出的【另存为】对话框中选择文件的保存位置。用户可以在"文件名"输入框中输入文件要保存的名称，或者使用文件的默认名称，然后单击 [保存(S)] 按钮，如图 5-10 所示。

(5) 弹出文件下载对话框，显示文件的下载进度，如图 5-11 所示。

图5-10 【另存为】对话框

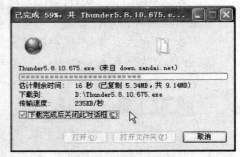

图5-11 文件下载对话框

(6) 下载完成后，可到步骤（4）中设置的文件保存位置，双击迅雷的安装程序，即可开始迅雷的安装。

【知识拓展】——WinRAR 的使用

很多服务器的管理员为了节省硬盘空间，都会把软件或者文档等资源压缩后放到服务器上供人们下载。压缩后的文件是不能直接运行的，那怎样才能使用被压缩后的文件呢？

说到压缩软件，就不得不介绍一下 WinRAR。WinRAR 是一款功能强大的压缩解压缩工具，支持鼠标拖放和外壳扩展，支持 CAB、ARJ、LZH、TAR、GZ、ACE、UUE、BZ2、JAR、ISO、Z 和 7Z 等多种类型的压缩文件，具有历史记录和收藏夹功能，先进的压缩和加密算法，压缩或解压过程中资源占用相对较少，压缩后的文件变得更小，可针对不同的需要保存不同的压缩配置，并且从 2.50 版本开始完全兼容 RAR 和 ZIP 格式。

WinRAR 的安装过程十分简单，本文以 WinRAR3.8 简体中文版为例，介绍 WinRAR 的使用。

1.　安装 WinRAR

(1)　双击 WinRAR 的安装程序，进入
　　　WinRAR 的安装界面，如图 5-12 所示。

(2)　单击 安装 按钮，进入设置文件关
　　　联窗口。为了能更好地发挥 WinRAR
　　　的功能，一般单击全部选择(A)按钮，让
　　　WinRAR 管理所有它可以识别的压缩
　　　文件类型，如图 5-13 所示。然后单击
　　　确定 按钮，进入完成安装界面，
　　　如图 5-14 所示。

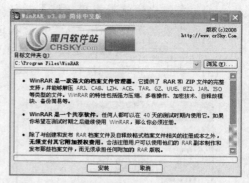

图5-12　WinRAR 的安装界面

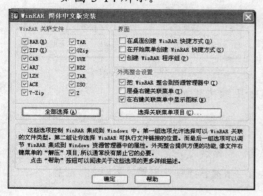

图5-13　WinRAR 的文件关联

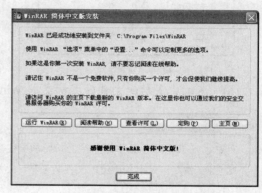

图5-14　完成安装界面

(3)　单击 完成 按钮，WinRAR 的安装就完成了。

2.　压缩整个文件夹

(1)　在该文件夹上单击鼠标右键，在弹出的快捷菜单中选择"添加到压缩文件"
　　　命令，弹出【压缩文件名和参数】对话框，如图 5-15 所示。

(2)　在【常规】选项卡的【压缩文件名（A）】输入框中输入压缩文件的名称，
　　　也可选用默认文件名，用户还可以选择压缩文件是 RAR 格式还是 ZIP 格式，
　　　默认为 RAR 格式。

(3)　若用户需要对压缩的文件设置口令，可以选择【高级】选项卡，然后单击
　　　设置密码(P)... 按钮，如图 5-16 所示。

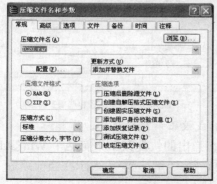

图5-15　【压缩文件名和参数】对话框

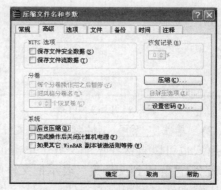

图5-16　【压缩文件名和参数】的高级设置

(4) 在弹出的【带密码压缩】对话框中输入密码，如图 5-17 所示。若其他用户想要解压此文件时，需先输入正确的密码才可解压。密码设置完成后，单击 确定 按钮，返回【压缩文件名和参数】对话框。

(5) 单击 确定 按钮，开始压缩文件，如图 5-18 所示。

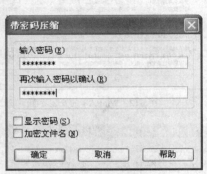

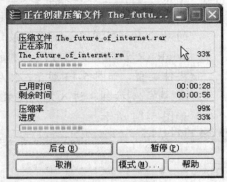

图5-17 设置密码

图5-18 压缩文件的过程

(6) 压缩完成后的文件的图标变成 WinRAR 压缩文件的 图标。

要点提示

用户也可以在准备压缩的文件上直接单击鼠标右键，在弹出的快捷菜单中选择"添加到*.rar"命令，这里的"*"即是准备压缩的文件的名称。这样软件会直接按照默认设置对文件进行压缩。

3. 解压文件

(1) 双击准备解压的文件，进入压缩文件内部，如图 5-19 所示。

(2) 单击 （解压到）按钮，弹出【解压路径和选项】对话框，用户可以在界面右侧的本地硬盘列表中选择文件的解压缩位置，如图 5-20 所示。

图5-19 压缩文件内部

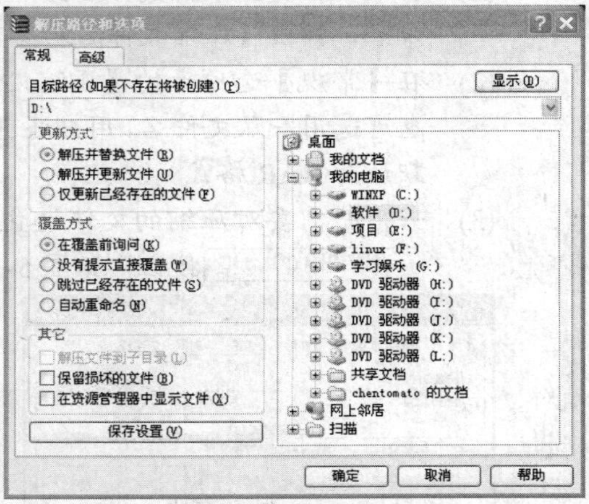

图5-20 【解压路径和选项】对话框

(3) 单击 确定 按钮，然后文件会被解压缩成被压缩前的格式。

用户也可以直接在压缩文件上单击鼠标右键，在弹出的快捷菜单中有两个 WinRAR 提供的命令。"解压到文件夹"表示把文件解压到当前路径；"解压到*"表示在当前路径下创建与压缩文件名字相同的文件夹，然后将文件解压到该文件夹中。

5.3　使用 FTP 下载

本节将以 CuteFTP 8 Professional 为例，介绍使用 CuteFTP 8 Professional 从 FTP 服务器下载资源的方法。

CuteFTP 是一款基于 FTP 协议的软件。它的界面非常友好，而且操作简单，可以用来下载和上传文件，支持断点续传功能，还支持下载或上传整个目录等功能。CuteFTP Pro 是 CuteFTP 的新版本，其界面和风格更加人性化，增强了数据传输的安全性，增加了 IE 风格的工具栏、宏处理等功能。

5.3.1 CuteFTP Pro 8.2 的安装

CuteFTP Pro 8.2 的安装过程非常简单，只要按照软件的安装向导进行即可。下面简单介绍一下其安装步骤。

【操作步骤】

(1)　双击 CuteFTP Pro 8.2 的安装文件后，进入安装向导界面，如图 5-21 所示。

(2)　单击 Next> 按钮，进入软件安装协议界面，如图 5-22 所示。

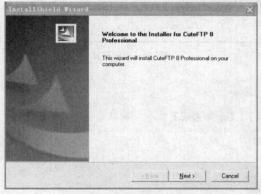
图5-21　安装向导对话框

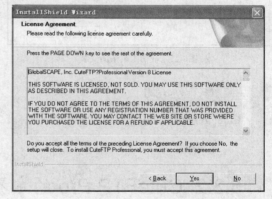
图5-22　安装协议

(3)　单击 Yes 按钮，同意所有使用协议，进入安装路径设置界面，如图 5-23 所示。如果需要设置安装路径，单击 Browse... 按钮，在弹出的窗口中选择安装目录，也可使用默认安装路径。

(4)　单击 Next> 按钮，进入软件安装类型界面，如图 5-24 所示。

(5)　在对软件还不太熟悉的情况下，一般选择【Typical】单选按钮。然后单击 Next> 按钮，进入软件自带的工具条安装界面。该工具条有搜索、屏蔽广告、自动填表的功能。由于很多软件中都集成有该类工具条，而且大部分很难卸载，一般选择不安装，所以要把该工具条取消掉，如图 5-25 所示。

(6)　单击 Next> 按钮，开始安装。安装完成后，进入完成安装界面，如图 5-26 所示。若用户想把软件的快捷方式添加到桌面，需选中该界面中的复选框。CuteFtp Pro 会自动添加快捷图标到桌面上。

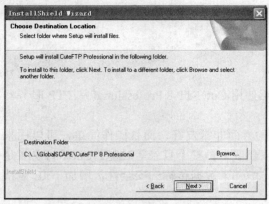

图5-23 选择安装路径

图5-24 安装类型

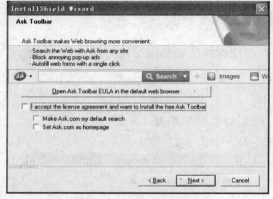

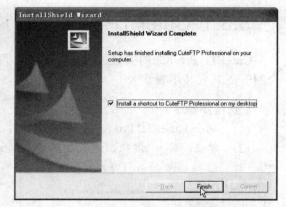

图5-25 取消工具条的安装

图5-26 完成安装

要点提示

CuteFtp Pro 8.2 含有简体中文语言包，选择【工具】/【全局选项】命令，可以进行语言设置。

5.3.2 CuteFTP Pro 的主界面

首先，需要启动 CuteFTP Pro 8.2。双击桌面上的 CuteFTP 8 Professional 图标，或选择【开始】/【程序】/【GlobalSCAPE】/【CuteFTP Professional】/【CuteFTP 8 Professional】命令，启动 CuteFTP 8 Professional，进入它的主界面，如图 5-27 所示。

CuteFTP 8 Professional 的主界面主要分为 6 个部分。命令区，包括工具栏和菜单栏，对 CuteFTP 8 Professional 的设置功能主要集中于此部分；本地驱动器区，用来显示本地计算机硬盘中要下载或者上传的所在目录及相关文件；站点管理区，CuteFTP 8 Professional 提供了几个文件夹用来存放不同的 FTP 站点；服务器目录区，用来显示 FTP 服务器上的文件，以及登录 FTP 的情况；登录信息区，用来显示登录服务器的过程信息；队列和日志区，用来显示文件的传输过程。

CuteFTP 8 Professional 的主界面很类似于 Windows 资源管理器的双窗口形式，支持鼠标操作，用户可以很方便地直接用鼠标拖动文件进行下载或者上传。

图5-27 CuteFTP 8 Professional 的主界面

5.3.3 设置 FTP 站点

要使用 CuteFTP 8 Professional 下载文件，需要先设置好 FTP 服务器的地址、授权访问的用户名和密码等选项。

【操作步骤】

(1) 选择【文件】/【新建】/【FTP 站点】命令，或者按 Ctrl + N 组合键，弹出站点属性设置对话框，如图 5-28 所示。

(2) 选择【常规】选项卡，在【标签】输入框中输入 FTP 服务器的名称；在【主机地址】输入框中输入 FTP 服务器的地址；在【用户名】和【密码】输入框中输入申请 FTP 时的用户名和密码；如果使用的是匿名服务器，选择右侧的【匿名】或【两者】单选按钮，如图 5-28 所示。

(3) 选择【类型】选项卡，有一项是端口号的设置，一般选用默认的"21"端口。有的 FTP 服务器可能会使用其他端口，需根据实际情况设置。

(4) 选择【动作】选项卡，可以设置本地文件夹，本地文件夹就是每次进入软件后默认显示的本地目录，也可以选用软件的默认路径，如图 5-29 所示。

图5-28 【常规】选项卡设置

图5-29 【动作】选项卡设置

(5) 这些都设置好之后，单击 连接(E) 按钮，就可以到 FTP 服务器上下载了。

5.3.4 快速连接

对于一些临时需要连接的 FTP 服务器，可以使用快速连接，而不需要通过站点设置。

【操作步骤】

(1) 在软件主界面的快速链接框中输入 FTP 服务器地址、用户名、密码和端口，如图 5-30 所示。

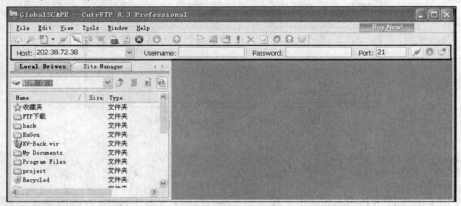

图5-30 快速连接

(2) 单击 ✐ 按钮，就可以连接 FTP 服务器了。

5.3.5 下载文件

使用 CuteFTP Pro 下载文件是非常方便的，因为它支持图形化的鼠标拖曳下载。下面就来看一下把 FTP 服务器上的文件"拖曳"到的计算机上的方法。

【操作步骤】

(1) 启动 CuteFTP Pro，双击左侧窗口【Site Manager】选项卡中创建好的 FTP 服务器连接，或者单击工具栏的 ✐ 按钮，这样 CuteFTP Pro 就开始登录服务器了。

(2) 成功登录后，在主界面的右侧窗口中会列出远程 FTP 服务器上的文件。

(3) 在左侧窗口的【Local Drives】选项卡中选择下载文件的保存位置。用鼠标把准备下载的文件，从服务器目录区中拖曳到【Local Drives】选项卡中并选择保存的位置，也可以直接在服务器目录区双击准备下载的文件，还可以用鼠标右键单击准备下载的文件，在弹出的快捷菜单中选择"Download"命令，如图 5-31 所示，或者在服务器目录区选中准备下载的文件后，按 Ctrl+PgDn 组合键。

(4) 此时，程序的队列区会把文件的传输方向，以及每个文件的传输进程显示出来。

要点提示

CuteFTP Pro 不仅支持从 FTP 服务器下载文件，还支持从本地计算机上传文件到服务器，其操作步骤和下载文件的步骤基本是一样的，区别在于上传时是用鼠标把文件从左侧的本地文件列表拖曳到右侧的服务器目录区。

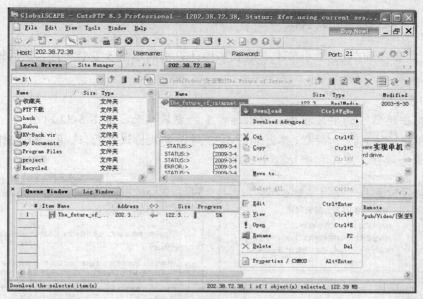

图5-31　下载文件

【知识拓展】——虚拟光驱

虚拟光驱，顾名思义就是一种模拟物理光驱工作的软件。它和物理光驱的功能完全一样，而且虚拟光驱读数据的速度要远远快于物理光驱。它可以同时执行多张光盘的光盘镜像文件，也可以将光盘内的文件复制成一个光盘镜像文件保存到硬盘中，当再次使用该光盘时，用虚拟光驱直接从硬盘中读取对应的光盘镜像文件即可，这便增长了物理光驱的使用时间。

虚拟光驱并不是真实存在的，它无法从真实的光盘中读取数据，所以虚拟光驱需要建立自己可读取的光盘，即虚拟光盘。虚拟光盘也就是镜像文件，镜像文件主要被用来备份数据，如备份软盘或者光盘中的内容。可以通过刻录软件或者镜像文件制作工具来制作镜像文件。随着宽带网络的发展，很多下载网站开始提供 ISO 格式的镜像文件的下载，方便了软件光盘的制作与共享。常见的镜像文件格式有 ISO、BIN、IMG、TAO、DAO、CIF、FCD。

当用户从网站下载 ISO 格式的文件后，就可以用虚拟光驱加载该文件，然后从虚拟光驱中读取该文件中的内容。

5.4 使用迅雷下载

迅雷是一款由国人开发的下载工具软件，正如其名字的含义"迅如雷电"一样，迅雷的下载速度得到了用户的认可。迅雷采用 P2SP 技术，将网络上存在的服务器和计算机资源进行了有效的整合，使网络中的数据以最快的速度进行传输，大大地加快了下载的速度。另外，它还支持断点续传、多任务管理模式、定时下载、自动关机、智能信息提示系统、错误诊断功能、病毒防护，支持代理服务器等经常使用的功能。

5.4.1 迅雷的安装

首先,需要找到在5.2.2小节中下载到本地计算机的迅雷5安装程序,然后就可以进行安装工作了。

【操作步骤】

(1) 双击迅雷5的安装程序,弹出迅雷5的安装界面,如图5-32所示。

(2) 单击 下一步(N) > 按钮,弹出如图5-33所示安装协议界面。选择 ⊙ 我同意此协议(A) 单选按钮,表示接受协议中的内容。

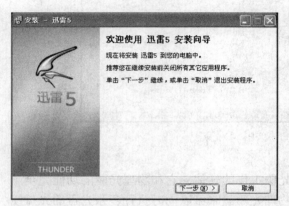

图5-32 迅雷5安装界面

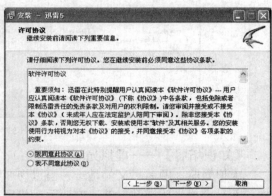

图5-33 软件安装协议界面

(3) 单击 下一步(N) > 按钮,进入附加任务设置界面,如图5-34所示。建议只选择保留【桌面和快捷栏上创建一个图标】复选框的勾选,取消勾选其他复选框,因为其他复选框用处不大,而且附带广告较多。

(4) 单击 下一步(N) > 按钮,进入百度超级搜霸安装界面。建议不要安装,取消选择【安装百度超级搜霸】复选框,如图5-35所示。

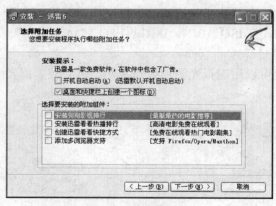

图5-34 选择附加任务

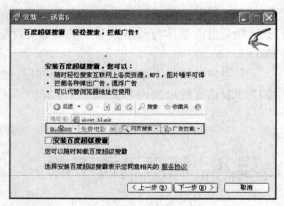

图5-35 百度搜霸

(5) 单击 下一步(N) > 按钮,进入选择安装路径界面。可以单击 浏览(R)... 按钮,另选安装目标文件夹,也可使用默认安装路径,如图5-36所示。

(6) 单击 下一步(N) > 按钮,进入准备安装界面,如图5-37所示。单击 下一步(N) > 进入安装过程界面,如图5-38所示。

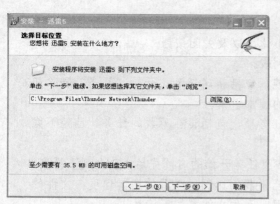

图5-36　设置安装路径

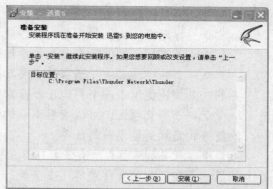

图5-37　准备安装界面

(7)　当文件安装进度条走完后，提示是否启动迅雷 5 和将狗狗搜索设置为 IE 首页，建议两项全部取消。单击 完成(F) 按钮，完成安装，如图 5-39 所示。

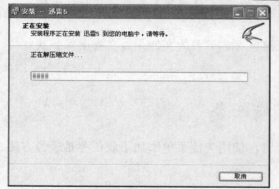

图5-38　安装过程界面

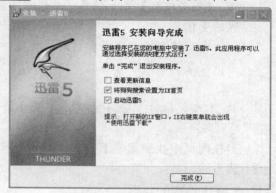

图5-39　完成安装

5.4.2　迅雷的主界面

迅雷的主界面可以分为以下 7 个部分，包括标题栏、菜单栏、工具栏、任务管理区、任务列表区、连接状态区和状态栏，如图 5-40 所示。

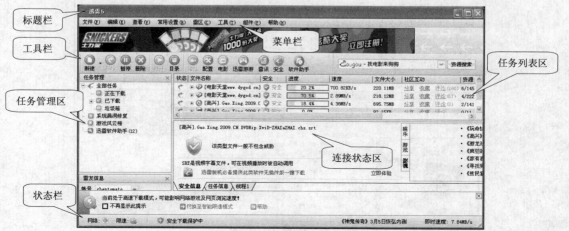

图5-40　迅雷主界面

各部分功能具体说明如下。

❖ 标题栏：提供软件最大化、最小化，以及关闭按钮。

❖ 菜单栏：提供所有命令的操作列表。

❖ 工具栏：集中了迅雷的主要功能，包括新建任务、开始、暂停、删除任务等。另外还提供了一个狗狗资源搜索的搜索引擎。

❖ 任务管理区：可以查看下载的任务项，包括正在下载的任务、已经下载的任务和删除到垃圾箱的任务。

❖ 任务列表区：所有任务在这里按照任务开始的时间先后，从上到下排列。并显示正在下载的文件名称，安全性，已下载的比例，下载的即时速度，文件的大小，网络上的资源数，剩余时间，已用时间和文件类型等信息。

❖ 连接状态区：负责下载任务的细节描述。在任务列表中选中某下载任务，该任务的详细信息就显示在这里。【安全信息】检测下载的文件中是否含有恶意链接，【任务信息】显示任务下载过程中的资源的变化，【线程】显示下载过程中线程的变化。

❖ 状态栏：显示当前网络状况、限速情况、下载的文件是否在安全保护状态，以及下载的即时速度等内容。

5.4.3 使用快捷菜单添加下载任务

当在网页中找到想要下载文件的地址链接时，使用快捷菜单添加下载任务是最为方便的下载方法。

【操作步骤】

(1) 在浏览器中打开包含准备下载的文件链接的网页。以下载一款虚拟光驱软件 Daemon Tools 为例。

(2) 在下载链接上单击鼠标右键，在弹出的快捷菜单中选择【使用迅雷下载】命令，如图 5-41 所示。

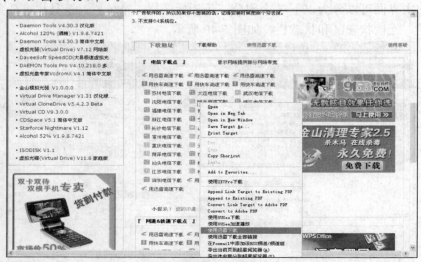

图5-41　快捷菜单添加下载任务

(3) 在弹出的【建立新的下载任务】对话框中，【网址】输入框中已自动填入文件的下载地址，如图 5-42 所示，【存储目录】默认为上次选择的存放路径，用户也可单击 ⬚ 浏览 ⬚ 按钮，另外选择文件的存放路径，如图 5-43 所示，【另存名称】默认采用原文件名，用户也可以自定义一个文件名。

图5-42 【建立新的下载任务】对话框

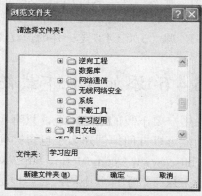

图5-43 【浏览文件夹】对话框

(4) 单击 ⬚ 确定(0) ⬚ 按钮，即可开始下载。迅雷的任务列表区中会显示文件的名称、下载的速度、所用时间、完成的百分比等信息，如图 5-44 所示。

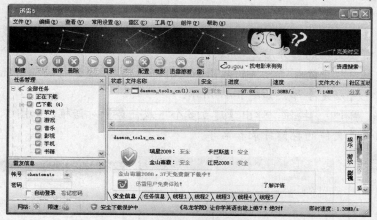

图5-44 下载过程信息

5.4.4 通过悬浮窗添加下载任务

当在网页中找到想要下载文件的地址链接时，也可以用鼠标把链接直接拖动到悬浮窗，从而添加新的下载任务。

【操作步骤】

(1) 添加悬浮窗。启动迅雷后，默认的屏幕上所有窗口的最前面将出现一个悬浮窗。若没有可选择【查看】/【悬浮窗】命令，如图 5-45 所示，将其在屏幕上显示出来。

(2) 在浏览器中打开包含准备下载的文件链接的网页，本文仍以 5.4.3 小节下载的那一款软件为例。

(3) 将鼠标指针移动到要下载的链接上，然后按住鼠标左键不放，将其拖动到悬浮窗中。

(4) 释放鼠标左键，弹出【建立新的下载任务】对话框，剩余的步骤和 5.4.3 小节中的步骤（3）、（4）是一样的，这里不再详述。

图5-45　添加悬浮窗

5.4.5 添加成批下载任务

当用户要下载的地址相近，只有少部分不同时，可以使用迅雷的批量下载功能。批量下载功能可以方便地创建多个包含共同特征的下载任务。例如，某个网站提供了 8 个文件地址：http://www.x.com/01.zip、http://www.x.com/02.zip、……http://www.x.com/08.zip，这 8 个地址中只有数字部分不同，这些地址可以写成 http://www.x.com/（*）.zip。同时通配符长度是指这些地址不同部分数字的长度，例如，从 01.zip 到 10.zip 的通配符长度是 2，从 001.zip 到 010.zip 的通配符长度就是 3。

【操作步骤】

(1) 选择【文件】/【新建批量任务】命令，如图 5-46 所示。

(2) 弹出【新建批量任务】对话框，在 URL 地址输入框中输入要下载文件的网址，需要变动的部分用（*）表示。

(3) 在通配符栏中输入通配符的范围和通配符的长度，通配符的范围既可以是数字，也可以是字母，如图 5-47 所示。

(4) 单击 确定(O) 按钮，弹出【建立多个下载任务】对话框，如图 5-48 所示，可以设置文件的存储目录和名字。

图5-46　新建批量任务

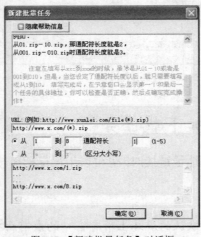

图5-47　【新建批量任务】对话框　　图5-48　【建立多个下载任务】对话框

(5) 单击 确定(O) 按钮。系统自动生成一组下载地址，并按顺序开始下载。

5.4.6　添加 BT 下载任务

下载 BT 任务和下载其他任务稍有不同，用户需要先下载一个 BT 种子，然后才能用迅雷下载对应的文件。BT 种子文件的后缀是*.torrent，它是用来记载下载文件的存放位置、大小、下载服务器的地址、发布者的地址等数据的一个索引文件。

【操作步骤】

(1)　下载 BT 种子。在浏览器中打开需要下载文件的网页后，可见网页中有一个"附件"链接，如图 5-49 所示。

图5-49　下载 BT 种子

(2)　单击该链接，弹出【文件下载】对话框，如图 5-50 所示。

(3)　单击 打开(O) 按钮，打开种子文件，弹出【建立新的下载任务】对话框，如图 5-51 所示。

(4)　在【常规】选项卡中列出了要下载的内容，用户可以根据需要选择下载的内容，不想下载的文件，取消相应复选框的勾选即可。

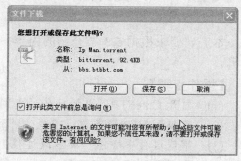

图5-50　【文件下载】对话框

图5-51　【建立新的下载任务】对话框

(5)　单击 确定(O) 按钮，开始下载。

实训一　保存网页

本实训要求根据 5.2 节介绍的内容，保存一个网页到本地计算机。

【操作步骤】

(1)　在浏览器中打开要保存的网页（可任选一个网页）。

(2)　按照 5.2.1 小节中的介绍，按照不同的格式保存网页。

(3)　比较不同格式保存的网页内容的区别。

实训二　使用 CuteFTP 从 FTP 服务器下载文件

本实训要求根据 5.3 节介绍的内容，使用 CuteFTP 从 FTP 服务器下载文件到本地计算机。

【操作步骤】

(1)　打开 CuteFTP，添加一个站点到 CuteFTP 中。

(2)　连接到 FTP 服务器，下载文件到本地。

(3)　下载过程中暂停一次下载过程。

(4)　重新开始下载。

实训三　使用迅雷批量下载文件

本实训要求根据 5.4 节介绍的内容，使用迅雷的批量下载功能。

【操作步骤】

(1)　打开迅雷，添加批量下载任务。

(2)　输入网址并设置通配符的范围和长度。

(3)　下载文件，观察文件下载的顺序。

小结

本章介绍了 3 种常用的下载方法和它们的基本工作原理。3 种常用的下载方法包括：使用浏览器下载、使用 FTP 工具下载、使用 BT 下载。3 种下载方法各有其优点和缺点，用户在使用过程中可以根据需要灵活选择。不过无论哪一种下载方法，都要求用户能够找到该文件在网络中的地址，所以这就要求用户能够很好地使用搜索引擎，搜索到文件的地址。随着学习的深入，用户可以看到 Internet 上的这些高级应用之间是相辅相成的关系。

　　虚拟光驱工具、压缩和解压缩工具是用户在使用计算机的过程中经常会用到的，掌握它们的使用方法对用户也是十分有用的。

习题

1. 简述服务器和客户机的区别。
2. 简述 FTP 的工作原理。
3. 简单介绍一下其他下载工具，它们有什么优缺点？
4. 使用迅雷的狗狗搜索引擎，搜索 WinRAR 资源，并使用迅雷下载。
5. 使用 CuteFTP 上传一个文件到 FTP 服务器。

第6章 即时通信

本章主要介绍 QQ、NetMeeting、Skype 等即时通信（IM）工具的使用，实现两人或多人之间通过网络进行即时通信。通过本章的学习，能够使用流行的 IM 工具进行文字、语音、视频的交流，并可学习电子白板、文件传送、远程协助等高级应用的操作方法。

学习目标

了解即时通信的工作原理。
掌握申请 QQ 号的方法。
掌握与好友聊天的方法。
掌握 NetMeeting 网络会议的方法。
了解 Skype 的设置和使用。

6.1 网络通信软件 QQ

即时通信的英文名为 IM（Instant Messaging），即用户可以通过 Internet 实现消息的即时传递。即时通信工具的实用性、快速性、准确性为网络应用开辟了新的天地，在人们的工作和生活中得到了广泛应用。近几年，即时通信软件的功能日益丰富，应用日益广泛，除了提供最基本的文字通信外，还集成了语音视频通信、数据交换、网络会议等功能。

最早的即时通信产品是由 4 个以色列青年在 1996 年开发的 ICQ，如图 6-1 所示，之后随着注册用户数快速增长，到 1998 年已经达到了 1200 万，ICQ 逐渐成为欧美国家最流行的即时通信软件，随后被美国在线（AOL）公司以 2.87 亿美元买下。

深圳市腾讯公司在 1999 年参照 ICQ 开发了 OICQ，后来因为版权问题，改名为现在的 QQ，目前几乎垄断了国内的在线即时通信软件市场。QQ 具有文字消息、语音视频聊天、手机短信、聊天室、传输文件等功能，如今的 QQ 已不是简单意义上的即时通信软件，还集成了多种辅助功能，如个人空间、网络硬盘、在线游戏等。

即时通信的基本工作原理比较简单：用户 A 要与用户 B 通话，A 需要先向服务器发出请求，服务器通知 B，B 同意后，

图6-1 ICQ 登录界面

服务器建立了一个 A←→服务器←→B 的双向链路，A 把数据发到服务器上，服务器中转到 B，或反之。此外，对于语音和视频类的通信，由于对音频/视频数据流畅性的要求较高，为了避免因服务器的介入而产生的延迟和间断，多数即时通信软件采用 P2P（点对点）技术在通话双方之间直接建立链路。原理如下：A 与 B 通话，A 向服务器发出请求，B 同意后，A 和 B 利用服务器转发的对方地址信息，建立 A←→B 之间的链路，双方直接传送音频/视频数据，而不需要经过服务器的中转，但是呼叫、查找、停止等控制数据还要经过服务器，不过这些数据量很小，对于通信的流畅性影响不大。

6.1.1 QQ 号码的申请

申请一个 QQ 号码是使用 QQ 之前的必备工作。QQ 号码可以分为 3 类，分别是普通 QQ 号、QQ 靓号和 QQ 行号。普通 QQ 号可以免费使用，QQ 靓号和 QQ 行号则需要付费使用。一般用户使用最多的是普通 QQ 号，QQ 靓号是具有特殊含义的 QQ 号码，而 QQ 行号是一些比较好记的 QQ 号码。

1. 普通 QQ 号的申请

普通 QQ 号的申请有 3 种不同的方法，一是网页免费申请，二是手机免费申请，三是手机快速申请。每种方法都能申请到 QQ 号。

（1）网页免费申请。登录网址 http://freereg.qq.com，根据提示填写所有必填内容，其中标注红色星号的为必填内容，如图 6-2 所示。填写完毕并提交后，如果顺利就会得到一串数字，这就是 QQ 号，连同注册时填写的资料和密码都需要记下来，以后就可以用该号码登录 QQ 了。注意：在一台计算机上短时间内只能申请一个 QQ 号。

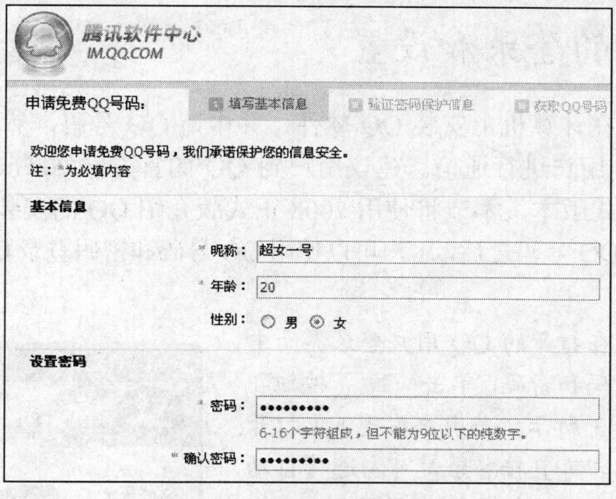

图6-2 免费申请 QQ 号码界面

（2）手机免费申请。用手机发送短信到指定号码，会收到一个申请码，然后把申请码输入网页就会得到一个 QQ 号。该方式无须资费，只有移动或联通收取的短信费。移动用户发送 im 到 10661700 获取申请码。福建的联通用户请发送 im 到 10621700，其他地区的联通用户请发送 im 到 10661700 获取申请码。注意：发送短信后，手机将在 1 分钟内收到带有申请码的短信，如果没有收到，可重新发送一次。收到申请码后，尽快完成号码申请操作。一个手机号码最多可以申请 5 个 QQ 号码。

（3）手机快速申请。编写短信 8801，移动用户发送到 10661700（海南移动用户编写短信 88011 发送到 10661700），福建联通用户发送到 10621700，其他联通用户发送到 10661700，完成发送后就会立即收到系统发送的一个 QQ 号码。该方式每条短信资费 1 元，申请不成功不收费。

2. QQ 靓号和 QQ 行号的申请

登录网址 http://haoma.qq.com，选择所要申请的靓号或行号，付费后就有了该号码的使用权。靓号有等级、生日、年度、手机、奥运等类型。在服务期满或主动关闭服务后，该 QQ 号码将被停止使用，如果 30 天内未办理续费，号码将被回收。

3. QQ 号快速申请通道

腾讯为国外用户申请 QQ 号提供了快速申请通道，用户登录网址 http://signup.qq.com （英文页面），与一般网页申请方式类似，按页面中的提示填写资料，这里只需要填写较少的资料就可以申请到 QQ 号。

以上介绍了 QQ 号申请的全部通道和步骤，用户可以根据情况选择适合自己的申请方式获得自己的 QQ 号码。

 要点提示

随着 QQ 的流行，QQ 号码经常遇到盗号的问题，也就是通过一定的手段获得别人的 QQ 号码，这样就出现了 QQ 号码的安全问题。因此，在申请 QQ 号码时，最好牢记申请过程中填写的资料，尤其需要完善密码保护资料，以备出现被盗号后向腾讯公司申诉，要回自己的 QQ 号码。

6.1.2 QQ 的登录和设置

使用 QQ 前需要在计算机上安装 QQ 软件，并申请 QQ 号码，然后使用 QQ 号码登录 QQ，即可与其他 QQ 用户进行通信。建议用户到 QQ 的官方网站（http://www.qq.com）下载最新发布的 QQ 正式版本，本节将使用 2008 正式版介绍 QQ 的安装和使用。

在申请到自己的 QQ 号码之后，用户可以使用 QQ 号码和密码登录 QQ，并进行各种设置。

【操作步骤】

(1) 登录 QQ。在打开的 QQ 用户登录界面中输入 QQ 号码和密码，单击 登录 按钮即可，如图 6-3 所示。若用户希望下次打开 QQ 软件时即可直接登录，可勾选【自动登录】复选框，选择自动登录模式。这样 QQ 会记住本次登录的账号和密码，以后无须输入 QQ 号码和密码即可登录。

(2) 选择 QQ 状态。QQ 状态即当前用户的状态，在【状态】下拉列表中共有 6 种状态可供选择，分别表示用户登录后呈现给好友的状态。

图6-3　QQ 的登录对话框

(3) 使用电子邮箱登录 QQ。使用 QQ 号码登录 QQ 系统后，在【个人设置】中
选择【个人资料】，如图 6-4 所示，单击 "使用 Email 地址作为账号" 链接，
浏览器会自动打开绑定设置网页。

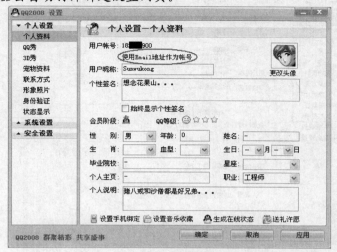

图6-4　QQ 个人设置

(4) 在如图 6-5 所示的网页中输入自己的电子邮件地址，单击 检测并提交 按钮，
提示用户需要激活该绑定。

(5) 进入刚输入的电子邮箱，会发现新收到一封腾讯发来的邮件，单击其中 "绑
定激活的网页" 链接。

(6) 在打开的验证网页中输入用户的 QQ 号码，如图 6-6 所示，单击 下一步 按钮，
网页提示绑定成功，以后就可以使用该电子邮件地址登录 QQ。

图6-5　QQ 绑定邮件地址的输入

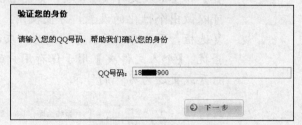

图6-6　QQ 绑定邮件地址的号码验证

(7) 在 QQ 软件的登录对话框中输入上面绑定
的电子邮件地址与 QQ 密码，如图 6-7 所
示，即可登录 QQ 系统。使用电子邮箱登
录 QQ，其作用与步骤（1）中通过 QQ 号
码登录是一样的。但使用电子邮箱登录
QQ，避免了登录时输入又长又难记的 QQ
号码数字。

(8) QQ 的个人设置。在 QQ 系统菜单中的【设
置】下选择【个人设置】可以直接进入【个
人设置】界面，如图 6-8 所示。个人资料
可以设置用户的基本信息，如头像、昵称、个性签名等。联系方式中的电子

图6-7　QQ 的电子邮箱登录

邮件、电话号码等资料可以选择"完全公开"、"仅好友可见"、"完全保密"。形象照片可以作为交友的资料，身份验证主要为他人加自己为好友设定条件，状态显示可以设置对方看到自己的一些登录信息。

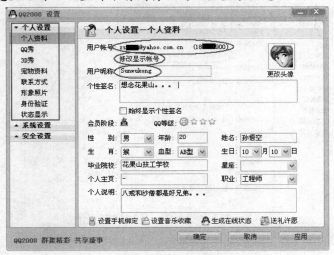

图6-8　QQ个人设置的个人资料

个人设置中，QQ秀是网络个人虚拟形象装扮系统，3D秀是三维立体的QQ秀，而QQ宠物则是一款休闲养成类游戏，这些一般都需付费，可以不做设置。在修改了这些资料后，可以单击 确定 或者 应用 按钮生效。

(9)　QQ的基本设置。在QQ系统菜单中的【设置】下选择【系统设置】可以直接进入【系统设置】界面，选择【基本设置】，包括【窗口设置】、【综合设置】和【个人文件夹】3项，如图6-9所示。【窗口设置】和【综合设置】中可以做出个性化的设置，方便使用。例如，如果勾选了【拒绝陌生人消息】复选框，开启QQ后只有被列为好友的人才能发消息过来，可以防止被别人骚扰。【个人文件夹】用于保存用户的消息记录、自定义表情等信息，可以打开或更改为另外的目录。

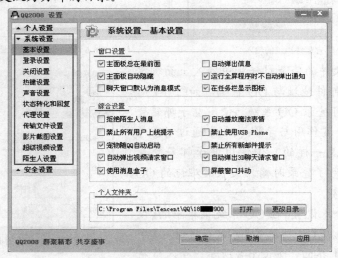

图6-9　QQ系统设置的基本设置

(10) QQ 的登录设置。在【登录设置】面板中，包括【会员登录设置项】、【登录综合设置项】、【高级选项】3 项，如图 6-10 所示。这里的【自动登录】和 QQ 启动时登录面板上的【自动登录】具有一样的选择效果，【登录方式】与登录面板上的【状态】有相同的选项。【高级选项】中可以设置登录服务器类型、地址等信息，一般无须特殊设置。

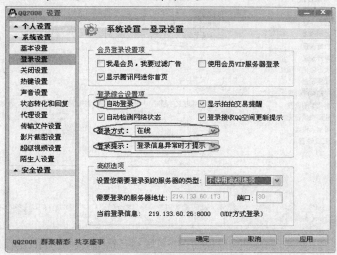

图6-10　QQ 系统设置的登录设置

(11) QQ 的状态转化和回复设置。在【状态转化和回复】面板中，包括【状态切换选项】、【留言设置】、【快捷回复设置】3 项，如图 6-11 所示。在【状态切换选项】中可以设定当鼠标键盘无操作一段时间后，QQ 自动转为离线等状态，还可以设定在运行全屏程序，如看电影时，QQ 可自动转为忙碌等状态。【留言设置】中可以设定在 QQ 处于特定状态下收到好友消息时自动回复的留言，也可以添加新留言或编辑现有的留言。【快捷回复设置】中可以设定一些固定不变的常用回复，在与好友聊天需要用到这些回复的时候，直接单击 发送(S) 按钮并选择一句就可以了。

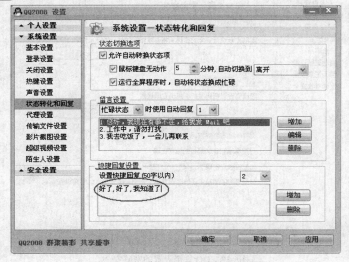

图6-11　QQ 系统设置的状态转化和回复

(12) QQ 的传输文件设置。在【传输文件设置】中，包括了【传输文件设置项】和【断点续传设置项】，如图 6-12 所示。可以更改接收文件的存放目录，其他设置一般不需修改。

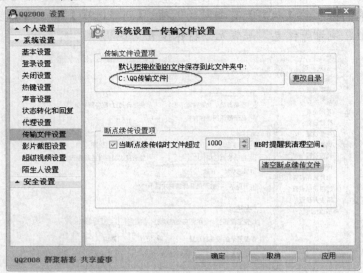

图6-12　QQ 系统设置的传输文件设置

(13) QQ 的超级视频设置。在【超级视频设置】中可以更改拍照的存放目录。

(14) 对修改进行保存。在系统设置中，有很多设置一般不需要修改。若对设置进行了修改，可以单击 确定 按钮或者 应用 按钮生效。

(15) QQ 的安全设置。在 QQ 系统菜单中的【安全中心】下选择【安全设置】可以直接进入【安全设置】界面，如图 6-13 所示。安全设置包括以下选项：密码安全、查杀木马、自动更新设置、聊天记录安全、文件接收安全。

(16) 在【密码安全】中，包括【QQ 密码设置】、【QQ 密码保护设置】、【保存 QQ邮箱独立密码】3 项，如图 6-13 所示。

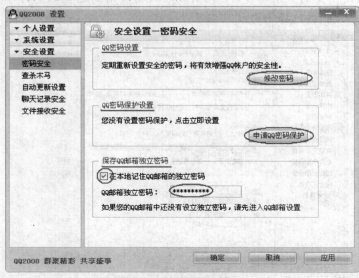

图6-13　QQ 安全设置的密码安全

(17) 修改 QQ 登录密码。单击【QQ 密码设置】下的
　　 修改密码 按钮，就会进入腾讯的修改密码网页。
　　进入该网页需要安装腾讯的安全控件才能正常
　　显示如图 6-14 所示的密码修改界面。输入旧密
　　码和新密码以及验证字符后，单击 继续 按钮，
　　提交修改请求，网页提示密码修改已经成功。在
　　密码修改成功后，QQ 会自动关闭，用户需要使
　　用新密码重新登录。

(18) QQ 密码保护设置。单击【QQ 密码保护设置】
　　下的 申请QQ密码保护 按钮，就会进入腾讯的密码保护
　　设置网页。在该网页中设置一个电子邮箱或手机

图6-14　QQ 修改密码的网页界面

　　号获取验证码，这里以通过电子邮箱获取为例，选择【通过电子邮件】单选
　　按钮，如图 6-15 所示，填写自己的电子邮件地址，然后单击 下一步 按钮。

(19) 输入验证码。到该电子邮箱中打开收到的腾讯邮件，将邮件中的验证码输入
　　到如图 6-16 所示界面的【您收到的验证码】输入框中，然后单击 下一步 按钮。
　　在问题填写网页中，可以随意选择一些问题，并填写答案，提交并等待系统
　　确认后，就完成了密码保护。在没有异常的情况下，密码保护将在 3~30 天
　　后正式生效。密码保护功能可以帮助用户在 QQ 号码被盗或者密码被遗忘
　　时，方便快捷地取回 QQ 号和密码。

图6-15　QQ 密码保护的电子邮件输入

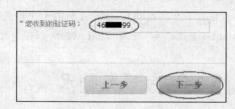

图6-16　QQ 密码保护的验证码输入

(20) 设置 QQ 邮箱独立密码。在【保存 QQ 邮箱独立密码】中可以勾选【在
　　本地记住 QQ 邮箱的独立密码】复选框，并输入 QQ 邮箱的独立密码。
　　用户单独为 QQ 邮箱设置密码后，通过 QQ 进入邮箱时需要再输入一
　　次独立密码，非常不便。通过该设置，将独立密码保存在本地，不需
　　要手工输入独立密码就可以安全地访问 QQ 邮箱。

(21) 设置查杀木马。在【查杀木马】中，【自动查杀木马】和【自动监测操作系
　　统漏洞】保持默认选择即可。

(22) 设置自动更新。在【自动更新设置】中，可根据情况选择是否需要 QQ 自动
　　进行更新。

(23) 设置聊天记录安全。在【聊天记录安全】中，包括【聊天记录加密口
　　令】、【聊天记录口令提示】、【聊天记录清除】3 项，如图 6-17 所示。
　　在【聊天记录加密口令】栏中勾选【启用聊天记录加密】复选框，并
　　填写口令后，下次打开 QQ 查看聊天记录时，则需要单独输入该口令，
　　以保护聊天记录的安全。在忘记加密口令时可以通过【口令提示】查

看聊天记录，需要勾选【聊天记录口令提示】栏中的【启用聊天记录加密口令提示】复选框，并设定【提示问题】和【问题答案】。这样在输入口令时就可以选择【使用密码提示】，并输入之前设定的答案。在网吧等公共场合使用 QQ，通常需要勾选【聊天记录清除】栏中的【退出时 QQ 自动清除聊天记录】复选框，这样就不会保留聊天记录。

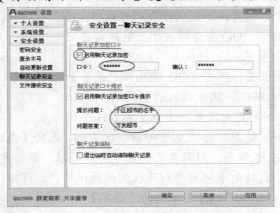

图6-17　QQ 安全设置的聊天记录安全

(24) 在修改了这些设定后，可以单击 确定 按钮或者 应用 按钮生效。

要点提示

在 QQ 上使用多个 QQ 号码后，登录界面中的账号输入框中会列出以前使用过的号码，此时在 QQ 安装目录下会存在相应 QQ 号码的子文件夹，删除不需要的号码子文件夹，并删除自动登录文件"AutoLogin.dat"和"LoginUinList.dat"，在下次登录 QQ 时在登录对话框将不会出现不需要的 QQ 号码。

6.1.3　与好友聊天

根据好友的 QQ 号码，可以将好友添加到用户的好友列表中，在 QQ 的主面板上单击 查找 按钮，在如图 6-18 所示的【查找/添加好友】对话框中，选择 ⦿ 精确查找 单选按钮，并在【对方账号】中输入好友的号码，单击 查找 按钮。然后在查找结果中选中该好友，单击 加为好友 按钮即可将其添加到好友列表中，如图 6-19 所示。如果对方需要身份验证，可以在验证对话框中输入验证消息，如"我是孙悟空，请加我为好友"等，完成后等待对方的批准。

图6-18　QQ 中查找/添加好友

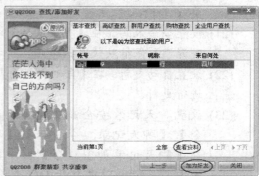

图6-19　QQ 中查找/添加好友

下面分别介绍一下查看好友资料、文字聊天、视频/音频聊天、查看聊天记录。

1. 查看好友资料

在 QQ 主面板的好友列表中右键单击好友的头像，在弹出的快捷菜单中选择【查看好友资料】命令，或者单击聊天窗口中好友的头像。在【查看资料】界面，可以看到对方公开的主要资料、详细资料、介绍说明等个人资料，如图 6-20 所示。

在【查看资料】界面上有【备注/设置】链接，单击后在【备注/设置】对话框中可以设置好友上下线的通知等，如图 6-21 所示，可以勾选【如果该好友上线，则自动发出问候】复选框，并输入问候语，单击 修改 按钮即设定成功，这样在该好友上线时能自动发出问候。

图6-20　QQ 中查看好友资料

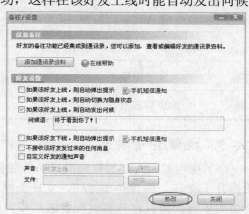

图6-21　QQ 中好友的备注/设置

2. 文字聊天

在 QQ 主面板的好友列表中右键单击好友的头像，选择【发送即时消息】命令，或者直接双击好友的头像，都可以调出文字聊天窗口，如图 6-22 所示。在当前的聊天窗口上单击 聊天记录 按钮，在右侧的窗口中会显示与该好友聊天的历史记录。

在输入框中输入要说的话，单击 发送(S) 按钮，就可以发送给对方，同时也显示在上面的聊天窗口中。对方回复的消息也同步地显示在聊天窗口中。若输入框中空白时单击 发送(S) 按钮，会出现下拉列表框，列出了在个人设置中设定的快捷回复语句，从中选择一句并直接单击，就发送给对方了。

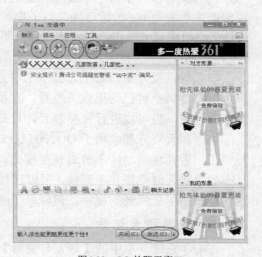

图6-22　QQ 的聊天窗口

向好友发送消息时，还可以对消息的文字颜色、字体进行调整。在聊天窗口上单击 A 按钮，会出现字体设置工具条，在上面可以选择字体类型、字号、加粗、颜色等设置，设置完毕回到聊天窗口继续输入消息文字，这些文字就是所设置的格式。

在聊天过程中还可以添加 QQ 表情符号，增加聊天的趣味。单击 按钮会出现各种各样的表情符号，选择一个符合聊天情景的表情符号，使得文字聊天更加有趣。聊天时单击 按钮，对方的聊天窗口就会发生震动，起到提醒或恶作剧的效果。

在聊天过程中还可以使用 按钮邀请其他人员参加到当前的会话中。

表 6-1 中列出了 QQ 聊天中的常用图标。

表 6-1　　　　　　　　　　QQ 聊天的常用图标

图标	功能	图标	功能
A	设定字体的颜色和格式		发送短信和图片铃声
	选择表情符号		视频聊天
	输入魔法表情/涂鸦表情		语音聊天
	发送一次窗口震动		传送文件
	发送图片		邀请好友加入聊天
	屏幕截图		举报恶意网址或 QQ 号

3. 视频/语音聊天

QQ 视频聊天有超级视频模式和普通视频模式两种。超级视频分辨率为 320×240，画质提升了 4 倍，图像传输流畅，支持全屏。与超级视频模式相比，普通视频模式对网络带宽要求不高，可以在计算机配置不高或网络条件较差的情况下使用。这两种模式下对摄像头都无特殊要求，30 万像素即可满足视频聊天需要。

在 QQ 的聊天窗口上单击 按钮进行超级视频，就会向对方发送视频请求。对方收到视频请求单击 接受 按钮后就开始了视频聊天，同时还需要勾选 开启语音 复选框才可以伴有语音聊天。如果对方单击 拒绝 按钮即为不接受视频请求。任何一方单击 结束 按钮，就会结束当前会话。

聊天时，视频窗口右上方显示了对方的视频图像，右下方显示了自己的视频图像，用户可以具体调整自己的摄像头位置。在窗口上还可以调整耳机和麦克风的音量。如果用户没有摄像头，也可以进行视频聊天，只是对方看不到你的视频而已。

如果聊天双方都使用了 QQ2005 beta3 及以上版本，那么必须在直连时才能使用超级视频模式，否则将自动转入普通视频模式。

如果聊天时视频并不流畅，可以在视频菜单中选择"速度优先"，而不是"质量优先"，这样就获得了更流畅的视频，但降低了视频图像的清晰度。

4. 查看聊天记录

在 QQ 系统菜单中的【好友与资料】下选择【消息管理器】，就出现了【信息管理器】界面。【信息管理器】的左侧列出了所有的好友，双击其中的一个好友，可以在右侧的【本地聊天记录】中看到之前在本地与该好友的所有聊天记录。

QQ 会员可以在 QQ 中设置聊天记录漫游，系统自动将聊天记录上传到服务器，在任何地方登录 QQ 都可以在【信息管理器】右侧的【漫游的聊天记录】中看到完整的聊天记录。

如果普通会员想查看以前的聊天记录，可以事先把聊天记录导出为备份文件，然后发送到 QQ 邮箱或 QQ 网络硬盘，然后在其他地方下载下来，再导入 QQ 中就可以查看到完整的聊天记录。

要点提示

由于 QQ 的用户众多，在线聊天时间长，经常成为病毒攻击和恶意骚扰的对象。在聊天的机器上安装杀毒软件，并且在与不熟悉的人聊天时不要轻易暴露自己的银行卡、身份证号等个人信息，也不要相信通过 QQ 发送过来的"QQ 中奖"信息，不轻易打开通过 QQ 发送过来的网页链接。

6.1.4 传送文件

通过 QQ 可以向好友传送任何格式的文件，例如，图片、文档、影音、压缩文件等，但不支持文件夹传送。需要注意的是，目前 QQ 的传送文件功能已经实现了断点续传，文件传输过程中发生中断后，还可以在之前已经完成部分上继续传输，提高了网络状况不稳定时的文件传送效率。

有两种文件传送方式，直接发送和离线发送。直接发送是在对方在线的时候发送，两个人在线传送文件；而离线发送是对方不在线时，先把文件缓存到 QQ 服务器，等对方上线后，QQ 再将文件传送过去。好友在线时，可以进行文件的直接发送，具体步骤如下。

(1) 单击聊天窗口上的 按钮，在下拉菜单中选择【直接发送】命令，如图 6-23 所示，或者在 QQ 主面板的用户头像上单击鼠标右键，在弹出的快捷菜单中选择"发送文件"命令，如图 6-24 所示，也可直接用鼠标将文件拖入聊天窗口中。

图6-23 通过聊天窗口发送文件 　　　　图6-24 通过快捷菜单发送文件

(2) 在弹出的【打开】对话框中选取本地硬盘上需要传送的文件，单击右下侧的 打开(O) 按钮。

(3) 在聊天窗口的右侧出现等待对方接收许可的提示，同时在对方出现了"接收"、"另存为"、"拒绝" 3 个选择提示，如图 6-25 所示。如果好友单击"接收"，则开始接收文件，并存放到预先设定的文件夹中；若单击"另存为"，则打开【另存为】对话框，临时设定保存文件夹，并开始接收文件；若单击"拒绝"，则取消本次文件传送。

(4) 文件开始传送时，在发送方和接收方都有传送进度的提示，文件接收完毕后，QQ 会提示打开文件所在的目录，如图 6-26 所示。

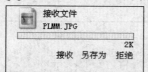 　　　　

图6-25 接收方收到的文件发送请求 　　　　图6-26 文件接收完成

发送离线文件的操作步骤与直接发送的操作步骤类似，只是将文件暂时上传到 QQ 服务器。对方上线后，会收到有文件传送过来的提示，选择本地的保存目录后，就可以把文件接收下来。

通过 QQ 传送文件的速度主要取决于网络的带宽，或双方是否处于同一个网络。如果双方在同一个局域网或者同是电信或网通的用户，文件传送要快很多。

QQ 发送文件时，之所以需要提示接收方是否拒绝，是由于黑客可以将有害的文件或者程序伪装成为来自好友的文件，传送过来。因此，在接收文件时，一定要提高警惕，确认来源后再开始接收。

6.1.5 远程协助

远程协助是通过软件和网络实现对远程计算机的操作，也就是可以通过网络操纵对方的计算机。腾讯的 QQ 除了具备聊天功能之外，也提供了远程协助功能，可以允许好友远程看到和操控自己的计算机。尤其是在计算机出现问题时，就可通过 QQ 的远程协助让好友从其他地方解决问题。

QQ 的远程协助功能必须由需要帮助的一方发出远程协助请求，对方才可以操作用户的计算机。

【操作步骤】

(1) 在聊天窗口的【应用】选项卡上，单击工具栏上的 ⬛ 按钮。

(2) 在对方的聊天窗口上会出现如图 6-27 所示的提示，选择"接受"就会在彼此之间建立连接，这时在申请方的界面上会再次出现确认的信息，如图 6-28 所示，确定后窗口会自动变大，在聊天窗口右侧的【应用程序共享】窗口中可以看到申请方的计算机屏幕。

① 456请求您远程协助，请选择**接受**还是**取消**456的请求。	① 123已同意您的远程协助请求。**接受**还是**谢绝**与123建立远程协助连接。

图6-27　对方对话框出现的提示　　　　　　　图6-28　申请方对话框出现的提示

(3) 申请方在聊天窗口右侧单击 ⬛ 按钮，如图 6-29 所示，在对方的聊天窗口中会出现控制申请的提示，选择"接受"后随之申请方就出现一个对方已同意你的控制请求提示，申请方在单击"接受"之后，对方就可以开始控制申请方的计算机了。

(4) 申请方可以使用 $\boxed{Shift}$ + $\boxed{Esc}$ 组合键停止受控，并可以直接在聊天窗口中单击 ⬛ 按钮直接断开与对方的远程协助连接，如图 6-30 所示。

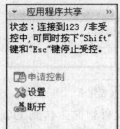

图6-29　对方出现的控制申请提示　　　　　图6-30　申请方的应用程序共享窗口

在远程协助过程中，左侧聊天窗口中的正常交流不受影响，还可以同时进行语音聊天，这样极大地方便了双方的同步协商。接受申请方（控制方）可以单击 按钮，使【应用程序共享】窗口单独显示，最大化后就可以看到对方的全部窗口视图。

远程协助中控制方可以看到并操作受控方的屏幕，这样可以帮助受控方完成某些工作。需要注意的是，在此状态下，鼠标是唯一可以使用的工具，键盘无效。

在控制方，QQ默认的显示效果可能不够清晰，如果网络带宽不够，需要由受控方单击聊天窗口右侧的 按钮，在【远程协助设置】对话框（如图6-31所示）中的【图像显示质量】和【颜色质量】栏中选择较高的质量，这也会增加双方之间的传输带宽。

在远程协助过程中控制方可以单击 按钮释放控制权限，也可以单击 按钮断开与对方的本次远程协助连接。

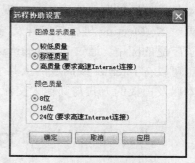
图6-31 QQ的远程协助设置

目前，远程协助因其优点已经较为广泛地应用于教学和通信方面，并且发挥了重要作用。限于开发软件和传输速度没能进一步普及。但是可以肯定的是，这项功能在将来的互联网共享应用中必将发挥重要作用。

要点提示

在使用QQ的远程协助、超级视频等功能时，双方所使用的QQ软件都必须是较新的版本，最好是相同的版本，这样不容易出现问题。

【知识拓展】——MSN

MSN是Microsoft推出的即时通信工具，全称为MSN Messenger，现已改名为Windows Live Messenger，其图标如图6-32所示。像QQ一样，用户需要一个MSN账号才能登录MSN，但MSN账号不像QQ号码是一串难记的数字，而是一个称为Windows Live ID的MSN Hotmail电子信箱地址，也可以使用其他邮箱地址作为MSN账号。MSN与QQ功能相似，但MSN一般在工作人士和学生中使用较多。二者的一个重要的区别是MSN针对于熟人社区，只能添加已知账号作为好友，而QQ则可以通过搜索来添加陌生人。

图6-32 MSN图标

MSN可以设置显示名称（昵称）和个人消息，非常具有人性化。MSN中通过输入电子邮件或登录名来添加联系人，并可对联系人进行分组。MSN中可以阻止某人，被阻止的联系人并不知道自己已被阻止，对于他们来说，对方只是显示为脱机状态。

MSN支持即时消息的发送，每条消息最长可达400个字符，还可以发送文件和照片。通过MSN可以实现视频和语音的对话，也可以进行视频会议。MSN也支持远程协助，还可以与朋友一起来玩网络游戏。

MSN与QQ还有一个不同就是MSN支持多国语言，而QQ仅支持中文和英文。也就是说，用MSN聊天时，用户可以用日文，阿拉伯文等语言进行交流。而用QQ聊天时，它不支持输入除中文和英文之外的语言。

Internet 基础与操作

6.2 NetMeeting

NetMeeting（网络视频会议系统）是 Microsoft 于 1996 年推出的一种网络多媒体会议工具，可通过网络实现音频、视频和数据的实时通信。虽然 2003 年 Microsoft 已宣布将不再对 NetMeeting 进行任何开发与技术支持。但到目前为止，NetMeeting 在许多场合仍得到了广泛的应用。通过 NetMeeting，用户可以进行网上会议或讨论，可以在共享程序中工作，也可以在 Internet 或局域网上共享数据、共享桌面以及传送文件，还可以用音频、视频、文本以及白板的方式与其他人交流。

6.2.1 NetMeeting 的安装与设置

一般的 Windows 98、Windows Me、Windows 2000、Windows XP 等操作系统在正常安装后，NetMeeting 也会自动被安装。首先通过下面的方法检查操作系统中是否已经安装：

在【开始】菜单下选择【运行】命令，在弹出的【运行】对话框中输入"conf"，如图 6-33 所示，然后单击 确定 按钮，如果出现 NetMeeting 的配置向导对话框，则说明操作系统中已经安装了 NetMeeting，如果没有安装，可以从 Microsoft 官方网站上下载，并执行安装程序。

图6-33　启动 NetMeeting

第一次运行 NetMeeting 会出现配置向导对话框，可按照向导提示进行操作，具体步骤如下。

(1) 配置向导界面。在配置向导对话框中介绍了 NetMeeting 的基本功能，如图 6-34 所示，单击 下一步(N) 按钮。

(2) 进入个人信息填写界面。在对话框中填写个人信息，如姓、名、电子邮件地址、位置及备注信息等，如图 6-35 所示，单击 下一步(N) 按钮。

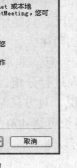

图6-34　NetMeeting 的功能介绍　　　　　图6-35　NetMeeting 的个人信息填写

(3) 进入服务器设置界面。因为目前已经很难登录到 Microsoft 的目录服务器，建议不勾选【当 NetMeeting 启动时登录到目录服务器】复选框，如图 6-36 所示，单击 下一步(N) 按钮。

(4) 选择连接方式。用户可根据网络的速度选择连接方式，如图 6-37 所示，单击 下一步(N) 按钮。

图6-36 NetMeeting 的目录服务器配置　　　　图6-37 NetMeeting 的网络配置

(5) 用户可选择是否将设置好的 NetMeeting 快捷方式放到桌面或快速启动栏上，单击 下一步(N) 按钮，进入【音频调节向导】对话框，如图 6-38 所示的界面。

NetMeeting 在启动时可以登录到目录服务器上。NetMeeting 中默认提供了 Microsoft 在 Internet 上提供的一些目录服务器地址，但这些服务器经常会出现连接不上的情况。如果需要的话，用户也可以在自己单位的局域网中架设 NetMeeting 目录服务器，供自己单位内部使用。建立一个 NetMeeting 目录服务器，需要在服务器上安装 ILS（Internet Locator Server）软件，来提供 NetMeeting 目录服务。然后，用户可以通过 NetMeeting 或 Web 页查看 ILS 上的目录，或者通过浏览当前正在使用 NetMeeting 的用户列表，并在列表中选择一个或多个其他用户进行连接；也可以通过输入其他用户的位置信息与其他用户连接。

下面使用音频调节向导设置 NetMeeting 的音频，设置步骤如下。

(1) 选择音频设备。在【录音】和【回放】下拉列表中选择用于录音及回放的音频设备，一般与系统的声卡相同，如图 6-38 所示，单击 下一步(N) 按钮。

(2) 在调节之前，提示用户需先关闭所有的放音和录音程序，继续单击 下一步(N) 按钮。

(3) 测试回放音量。单击 测试(T) 按钮，可以测试扬声器或耳机的回放音量，用户可以听到连续不断的声音，拖动【音量】滑块调整播放音量的大小，调整合适后，单击 下一步(N) 按钮，如图 6-39 所示。

图6-38 NetMeeting 音频设备选择　　　　图6-39 NetMeeting 回放音量调节

(4) 测试麦克风工作状态。用户对着麦克风讲话时，绿色的音量指示随着声音的高低而改变，则说明麦克风工作状态正常，并可拖动滑块调节录音音量，单击 下一步(N) 按钮，如图 6-40 所示。

(5) 完成音频调节向导。单击 [完成] 按钮，即可关闭【音频调节向导】对话框，如图 6-41 所示。

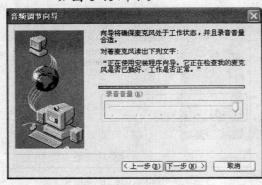

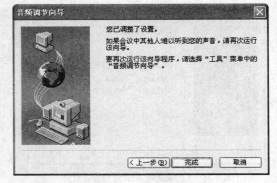

图6-40　NetMeeting 录音音量调节　　　　图6-41　NetMeeting 音频设置完成

设置完成后，NetMeeting 会自动启动，用户可以直接使用。

 **要点提示**

目录服务器对于网络的作用就像黄页对电话系统的作用一样，用户可以向目录服务器注册自己的服务，也可以查找其他服务。NetMeeting 可以通过目录服务器查找具体的对方主机，并与之联系。

6.2.2 NetMeeting 的使用

NetMeeting 的操作界面非常简单，如图 6-42 所示。通过 NetMeeting 可以支持多人同时在线的网络会议，还能够进行电子白板、视频传输以及文件传送等。

1. 基本通信

使用 NetMeeting 进行通信主要有两种方式。

（1）通过对方的 IP 地址，直接呼叫对方。

用这种方式不需要使用目录服务器，NetMeeting 直接通过 IP 地址呼叫对方，只要知道对方的 IP 地址，在【发出呼叫】对话框（如图 6-43 所示）中输入要呼叫人的地址即可，被呼叫方的 NetMeeting 一定要处于打开状态。使用这种方式比较费时，但不需要用目录服务器。

用这种方式启用【发出呼叫】对话框时，呼叫方式一定要选"网络 TCP/IP"，地址项要选取网络上存在和正在使用的计算机的网络 TCP/IP 地址。

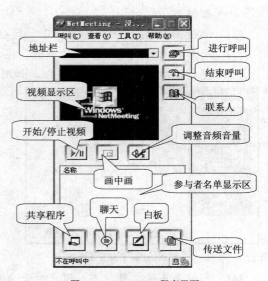

图6-42　NetMeeting 程序界面

（2）通过网络上的目录服务器来呼叫对方。

通过目录服务器呼叫的方式中，启用【发出呼叫】对话框时，呼叫方式一定要选"目录服务器"，地址项一定要选取网络上存在和正在使用的目录服务器的网络地址。在这种方式下，只要连到目录服务器上，就有很多用户组在目录服务器上交谈，用户就可以加入到任一个允许加入的谈话组，不需要再进行联络。

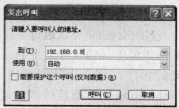

图6-43　NetMeeting 发出呼叫

另外，启动 NetMeeting 时，可能会出现"未找到目录服务器"的错误。可以打开【工具】选项对话框【呼叫】页面，检查目录服务器名列表中所选用的目录服务器是否已经打开，并检查是否能与之通信。

2. 多方会议

多方会议需要一个主持者来发起。用户可以自己召开并主持会议，会议的主持者可以命名会议的名称、设置会议的密码等，并可以在会议中与会议的参加者共同创建文件、共享程序，向会议的参加者发送文件等。

主持会议的操作步骤如下。

图6-44　NetMeeting 主持会议

(1) 在 NetMeeting 中选择【呼叫】/【主持会议】命令，然后在弹出的【主持会议】对话框中设置会议，如图 6-44 所示。

(2) 在该对话框的【会议设置】栏中的【会议名称（N）】文本框中输入会议的名称（特别要注意会议名称中不能有汉字）。

(3) 在【会议密码（P）】文本框中输入加入会议的密码，若勾选【需要保护这个会议（仅对数据）（S）】复选框，可创建安全会议，若勾选【只有您可以接收拨入的呼叫（I）】复选框，可监视会议的加入者，若勾选【只有您可以发出拨出呼叫（O）】复选框，可控制会议参与人邀请其他人参加。

(4) 在【会议工具】栏中，用户可选择要启用的会议工具，如【共享】、【聊天】、【白板】及【文件传送】等，用户只需选中相应会议工具复选框即可启用该会议工具。

(5) 设置完毕后，单击 确定 按钮即可开始会议，如图 6-45 所示。这时在【名称】中将显示参加会议的人员名单，如图 6-46 所示。

图6-45　多方会议中的聊天窗口

图6-46　NetMeeting 中的人员名单

3. 共享程序

NetMeeting 可以通过"共享程序"功能让其他各方都可以使用自己的某一个应用程序，非常类似于其他软件系统的远程控制功能。但 NetMeeting 仅仅可以设定一个或几个已经打开的程序，别人无法看到没有共享的程序，也不是将本地机器交给别人控制。另外，NetMeeting 的共享还可以设定仅允许他人监视而不能控制，极大地增强了安全性。

用户可以主动将程序共享给会议中的其他人，操作步骤如下。

(1) 打开要共享的软件，例如，扫雷、画图、计算器等。

(2) 在 NetMeeting 的主面板上，单击 ⬚ 按钮，在弹出的【共享-程序】窗口中会列出当前打开的应用程序，如图 6-47 所示。选中要共享的应用程序，单击右侧的 [共享⑤] 按钮就可以将该程序的屏幕显示在会议中其他各方的屏幕上。

(3) 其他各方的屏幕上会自动出现一个显示窗口，仅显示共享的程序界面，如图 6-48 所示。如果在共享时未被共享的程序遮挡住了正被共享的程序，则遮住的部分在各方的屏幕上显示为花屏。

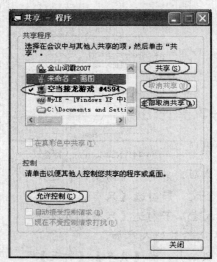

图6-47 NetMeeting 共享程序对话框

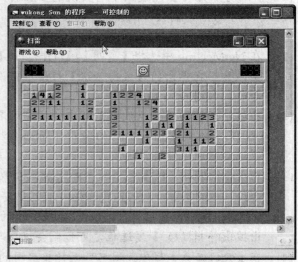

图6-48 NetMeeting 会议各方显示共享程序的对话框

(4) 如果共享应用程序时，单击 [允许控制Ⓒ] 按钮，如图 6-49（左）所示，使其他各方可以在显示窗口中通过选择【控制】/【申请控制】命令来申请控制权，在获得控制权后就可以通过鼠标操作共享程序，而共享方就失去了控制权。

(5) 如果共享方停止共享，可以在图 6-49（右）中单击 [防止控制Ⓒ] 按钮，即可收回控制权。

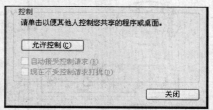

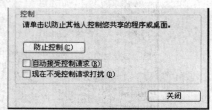

图6-49 NetMeeting 共享程序对话框

由于共享程序的功能是将应用程序的整个界面传送给对方，越复杂的界面越需要花较长的时间来传送到对方的计算机，对方获得控制权后进行操作时程序的反应也较在本机上直接操作慢一些。

4. 电子白板

电子白板是将一方的屏幕白板传送给其他方的计算机，使会议的各方能够非常方便地直接在共享的白板上进行画图、编辑、标注等。电子白板方便了会议各方的演示和讨论，弥补了用文本传送消息和音频通信的不足，常应用于教学、方案讨论等场合。NetMeeting的白板提供了多页组织、远程指示、锁定内容、显示指定屏幕画面等功能，使用非常方便，如图 6-50 所示。

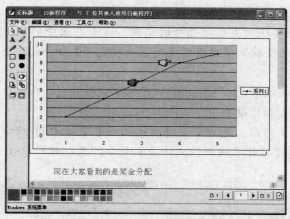

图6-50 NetMeeting 电子白板

NetMeeting 白板可以同时开启多个页面的画板，以随时浏览和讨论其中的任何一页。单击 按钮插入新页，每次新插入一页，页面数字就会加一。单击 或 按钮白板上会按顺序向前或向后翻页。可以通过选择【编辑】/【粘贴】命令将从其他地方复制的图像粘贴到白板的当前页面上。

NetMeeting 白板提供了丰富的编辑工具，例如，文本输入、荧光笔、画笔、矩形、椭圆等，方便了在白板上添加文字、画线、画矩形等操作。

在 NetMeeting 白板上，通过远程指示来告知各方注意白板内某个位置的信息。单击窗口左侧的 按钮，用户就可以在白板上设定一个属于自己的手状指示图标，白板中各个指示图标颜色有区别。各方都可以把自己的指示图标移动到白板内的任何位置，以提示大家注意图标所指的位置。

NetMeeting 白板由会议各方共用，任何一方都可以改变白板上的内容。会议中任何一方也都可以通过窗口左侧的 按钮将白板锁定，其他各方对于锁定后的白板将只能浏览而不能修改，鼠标将多出一个锁状的指示。执行锁定的一方再一次单击锁定按钮后可以取消白板的锁定。

在 NetMeeting 白板中，可以将屏幕上任意区域，或应用程序窗口的画面粘贴到白板上，供各方讨论所用。单击窗口左侧的 按钮，白板将会自动最小化，鼠标变为十字状，按下鼠标左键选取屏幕上的任意矩形区域，松开鼠标后，自动将所选区域画面粘贴到白板当前页中。单击 按钮，白板将会自动最小化，接下来用鼠标所单击的应用程序的画面就会被粘贴到白板的当前页中。

要点提示

在使用 NetMeeting 时，只要会议的任何一方启动"聊天"或"白板"，另外一方将自动启动窗口，不必担心接收不到对方的信息。

5. 文件传送

NetMeeting 也可以发送文件，具体步骤如下。

(1) 在 NetMeeting 窗口的下方单击 按钮，或者选择【工具】/【文件传送】命令。

(2) 在【传送文件】窗口中单击 按钮添加欲发送的文件，在窗口中会列出所有的文件，并可以通过单击 ✕ 按钮删除指定的文件。

(3) 单击 按钮发送所有已经选择的文件，或者在选中的文件名上单击鼠标右键，在弹出的快捷菜单中选择【发送一份文件】命令，就仅仅发送所选中的一份文件。

(4) 在对方同意接收后，NetMeeting 就开始了文件传送，在窗口的下方会有当前传送的文件名和进度条。

(5) 对方接收完文件后，通过单击【传送文件】窗口中的 按钮，或者通过选择【文件】/【打开已收到的文件夹】命令，来打开所接收到的文件。

6.3　网络电话 Skype

Skype 是世界上最早的网络电话公司，成立于 2003 年，在全世界范围内向用户提供免费的高质量通话服务。Skype 于 2005 年 9 月被网络拍卖公司 eBay 以 41 亿美元并购，于 2008 年 4 月推出了用于 Windows Mobile 的 Skype 软件，该软件可以实现在计算机、移动设备和经过 Skype 认证的硬件之间相互进行通话。目前 Skype 在全球有超过 3.7 亿的注册用户使用 Skype 软件通过语音和视频通话。在中国大陆，Skype 与 TOM 集团旗下的北京讯能网络有限公司 TOM 在线合作，所推出的 Skype 又称为 TOM & Skype。

Skype 作为一种即时通信工具，具备视频聊天、多方会议、文件传送等功能。Skype 通过付费的产品/服务获得收入，例如，与固话和手机之间的通话、语音邮件、呼叫转移和短信服务。Skype 的资费远低于运营商的电话资费，尤其是在拨打长途或国际电话时，可为用户节约不少的开支，得到了广泛的使用。Skype 与 QQ、MSN 等软件最大区别是，QQ、MSN 等软件需要通信双方都在计算机上才可以进行语音聊天，而 Skype 还可以在计算机上拨打普通电话，而通话费用却非常低廉。

6.3.1　Skype 的安装

首先从网上下载 Skype 软件的最新版本，建议到官方网站 http://skype.tom.com 下载。运行下载的 Skype 安装程序进行软件的安装。在安装界面中，软件提示安装过程所用的语言，默认为"简体中文"，在确认已经阅读并接受相关的协议后，可以设置安装目录等选项，然后开始安装过程。

安装完毕后，Skype 第一次运行时会自动启动"创建账号"向导，要求用户注册一个新的 Skype 用户，只需要把带"*"的栏目填写完整，就可以单击 下一步 按钮开始创建账号，如图 6-51 所示。

注意：用户名必须以字母开始，可以包含数字，但不能包含空格，同时，一定要接受许可协议才能继续安装。

如果填写的用户名已经被其他用户占用，会提示用户使用另外的用户名，或者使用系统自动分配的用户名。如果填写的用户名还没有被注册，可以进入下一界面，开始填写账号信息，如图 6-52 所示，其中必须填写常用的电子邮件地址。填写完毕后，单击 登录 按钮开始登录过程。

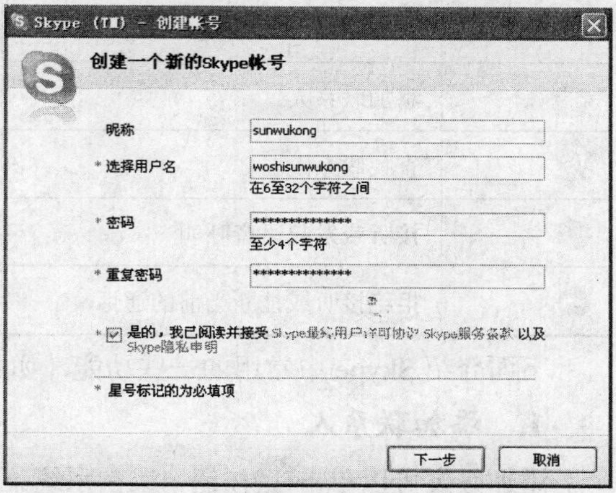

图6-51 Skype 创建账号界面

登录成功后，在系统右下角的任务栏中就可以看到 Skype 图标由灰变亮。并出现 Skype 的开始向导，一般单击 下一步 按钮跳过即可，然后进入 Skype 系统，如图 6-53 所示。

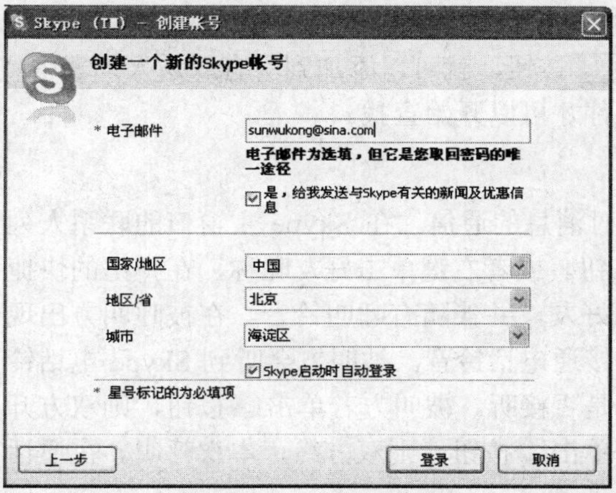

图6-52 Skype 填写账号信息

图6-53 Skype 软件界面

在 Skype 窗口中可以使用语音测试系统来测试 Skype 是否可以正常工作。单击 按钮，并在一声铃音开始后向麦克风说话，第二声铃音后，Skype 会回放刚才的录音，如果回放的录音正常，则说明系统可以正常工作。

6.3.2 Skype 的使用

在 Skype 主窗口中有"联系人"、"拨打电话"、"历史记录"等选项卡。Skype 在每次启动时会自动显示一些信息，包括好友的在线状态、未接电话等。Skype 的常用操作简单，通过图标就可以区分不同的功能，非常方便。表 6-2 中列出了常用的图标及其含义。

表6-2 Skype 的常用图标

图标	功能	图标	功能
	添加联系人		通过即时消息聊天
	查找联系人		邀请更多的人加入会话
	接听或发起语音呼叫		发起视频通话
	拒绝接听或挂断当前的通话		已登录处于在线状态

下面介绍 Skype 中常用的一些功能，如添加联系人、即时通信、多方会议通信等。

1. 添加联系人

添加好友可以单击 按钮，或在系统菜单中选择【工具】/【添加联系人】命令，弹出【添加联系人】窗口。在其中填写好友的 Skype 用户名，全名或者电子邮件地址，单击 查找 按钮开始在系统中搜索。搜索到的好友在窗口中列出，选中好友并单击 添加Skype联系人 按钮，就可以在所有联系人列表中看到该好友的昵称，这样就可以与该好友进行通信了。

用户也可以单击 按钮，或在系统菜单中选择【工具】/【搜索 Skype 用户】命令来查找好友。在【搜索 Skype 用户】窗口中，有"精确查找"和"高级查找"两种查找方式。输入查找条件后，单击 查找 按钮开始在系统中搜索，搜索到的好友在窗口中列出，也可以选中其中的一个 Skype 用户，单击 添加Skype联系人 按钮，就可以添加到所有联系人列表中。注意：使用"高级查找"至少填写一项限定条件才可以开始查找。

2. 与好友通信

Skype 中可以与好友进行语音、视频、即时消息的通信。在 Skype 主窗口的联系人列表中，单击在好友昵称后展开的面板上的 按钮。或者右键单击好友昵称，在弹出的快捷菜单上选择【发起呼叫】命令，即可开始呼叫好友，并伴随有呼叫铃音。在被呼叫方出现【正在呼叫…】面板，几秒钟的延迟后会响起接通电话铃音。被叫方会听到 Skype 电话铃声，同时跳出提示对话框，用户可以自由选择是否接听。被叫方若单击 按钮，则双方开始通话，双方通话的时间会显示在视窗上。若单击 按钮，则双方终止本次呼叫。在通话过程中，任何一方都可以单击 按钮终止本次通话。

类似于语音呼叫，通过 Skype 可以与好友进行视频通话。在所有联系人列表的好友面板上，单击 菜单 按钮，或者右键单击好友昵称，在弹出的快捷菜单上选择【发起视频呼叫】命令，开始视频通话呼叫。被叫方单击 按钮后双方可以开始视频通话。

在好友面板上，若单击 按钮，双方开始通过即时消息聊天。在即时消息发送窗口填写消息文字，然后按 Enter 键即可发送出去了。如果好友在线，就会立即收到该消息，如果不在线，则消息会成为留言，在好友下次登录的时候自动发送过去，如图 6-54 所示。

图6-54 Skype 聊天窗口

为了简化操作，用户可以在 Skype 窗口下方的输入框中直接输入好友的账号或电话号码，单击右侧的  按钮，可以立即发起呼叫。

3. 多人语音会议

Skype 提供的多人语音会议非常方便地就可以进行多用户间的通话，实现多人的远程讨论。单击 Skype 主窗口的【联系人】选项卡上的 （会议）按钮，弹出【发起语音会议】窗口，如图 6-55 所示，在左侧选中参与语音会议的联系人，单击 添加 >> 按钮，右侧列出了参会好友，单击窗口下方的 开始 按钮，即可发起语音会议。如果参会好友在线，就会收到语音会议的呼叫，单击 按钮会议将会开始。发起会议的主持人的 Skype 主界面如图 6-56 所示。

图6-55　Skype 发起语音会议窗口　　　　　图6-56　Skype 语音会议窗口

在正在进行的会话或开会中，如果邀请别人参加，可单击 按钮，并从列表中选择联系人发出邀请，对方只需要选择是否接受即可。

4. 个人设置

在 Skype 中还可以修改"昵称"、"主页"等个人资料。选择【文件】/【编辑您的个人资料】命令，在【个人资料】对话框中即可修改自己的个人资料。该对话框中也可以更改自己的头像图片，使好友可以在会话时看到。单击对话框右侧的 更改... 按钮，然后在【Skype 头像】窗口中列出的图片中选择一幅，也可以继续单击 浏览... 按钮，从本地硬盘上选择一幅图片。选择完毕后，单击 确定 按钮即可更新自己的头像。修改好所有资料后，单击 更新 按钮即可向系统更新自己的个人资料。

在联系人越来越多之后，常常会忘记联系人的昵称。在 Skype 的联系人列表中右键单击一个联系人，在弹出的快捷菜单中选择【重命名】命令，就可以直接为该联系人取一个容易记忆的名字。

为了防止收到骚扰呼叫和消息，可以在系统菜单中选择【文件】/【隐私】命令，在弹出的【选项】窗口中设定允许的呼叫、即时消息等。还可以设置阻止来自特定用户或电话的呼叫等。

在 Skype 左下角可设置自己的在线状态，包括上线、离线、SkypeMe、离开、没空、请勿打扰、隐身。若设置为 SkypeMe 状态，则意味着所有的用户都可以看到自己的在线状态，并愿意与其他人通过 Skype 进行在线交流。

关闭 Skype 主窗口后会退居操作系统右下角的系统托盘，双击后仍可打开主窗口，右键单击右下角系统托盘中的 Skype 图标，弹出的列表中有【退出】命令，也可以在【更改状态】级联菜单中设置联机、脱机、外出等状态选项。

6.3.3 拨打普通电话

通过 Skype 可以拨打普通电话或手机，音质清晰且传送流畅，与传统电话相比几乎没有区别。使用 Skype 拨打电话需要使用 Skype Out 付费服务，但拨打国际或国内长途的费率非常低，一般不到传统 IP 电话的 1/10，具体可以到 Skype 官方网站上查看详细费率。

Skype Out 电话卡有多种购买方式，可以在网上通过网上银行、支付宝等线上支付，如图 6-57 所示，或者通过神州行手机购买，也可以通过书报亭直接购买。购买 Skype Out 电话卡后，充入 Skype 账号获得信用点数。付款、充值之后，SkypeOut 账户立即可用，可开始使用拨打普通电话的服务，直到账户中剩下的余额不足拨打一分钟为止。每次拨打电话或充值之后的有效期限是 180 天，超过此期限都没拨打电话或充值，账户中的余额将作废。

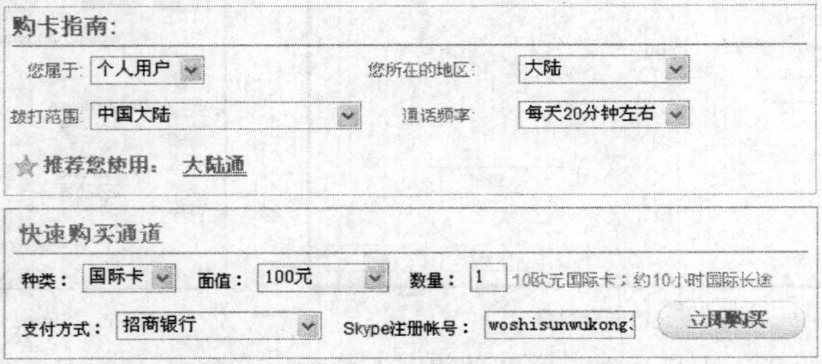

图6-57　Skype 官方网站上的在线购买界面

在 Skype 主窗口中的【拨打电话】选项卡上，选择要拨打的国家或地区，并手工输入或通过窗口中的号码盘输入电话号码，如图 6-58 所示。然后单击 按钮即可，系统将自动检查用户账号中是否有足够的信用点余额，如果余额充足，则稍等片刻后，电话将被接通，并开始计费，如果没有余额则当次呼叫将被取消。注意：每次拨打完要单击 按钮，否则还会被计费。

另外，Skype 提供的 Skype In 服务可以实现普通电话拨打 Skype，用户需要租用一个全球通用的 Skype In 号码。任何人都可以使用普通电话拨打这个本地电话号码，用户可以在任何地方使用 Skype 账号

图6-58　Skype 拨打电话

来接听电话。如果用户不在线，还可以在下次登录时收听对方的留言。目前 Skype 仅在美国、香港、新加坡等国家和地区提供 Skype In 电话号码。

实训一　使用 QQ 添加好友并传输图片

本实训要求根据 6.1 节的内容，练习添加好友、开始聊天，并传输图片等操作。

【操作步骤】

(1)　安装 QQ，并注册自己的 QQ 号码。

(2)　登录 QQ，添加好友，并开始与好友聊天。

(3)　在聊天窗口中发送一幅图片给对方。

(4)　要求对方也给自己发送一幅图片，接收并打开。

实训二　与好友远程协助

本实训练习远程协助的操作。

【操作步骤】

(1)　在 QQ 中同好友聊天。

(2)　打开本机上的"扫雷"或"纸牌"游戏。

(3)　使用远程协助，将本机交给好友。

(4)　由好友完成本机上的一局游戏。

实训三　与好友语音会议

本实训练习与好友进行语音会议。

【操作步骤】

(1)　安装 Skype，并注册自己的账号。

(2)　登录 Skype，添加两名以上的好友。

(3)　与这些好友发起多人语音会议。

(4)　在会议过程中传输图片给各参与方。

小结

本章主要介绍了即时通信的基本知识，以及安装和使用 QQ、NetMeeting、Skype 等即时通信工具。即时通信工具的出现，给人们相互之间通信提供了很大的方便，这些即

时通信工具让所有人都有机会和世界上其他地方的朋友通过 Internet 进行文本、语音和视频通信。

　　随着 Internet 的普及和即时通信技术的发展，必将会提供更多更新的功能，为人们提供更丰富、更方便、更快捷的交流沟通手段，极大地方便人们的工作和生活。

习题

1. 简述即时通信工具的共同特点。
2. 简述即时通信的基本原理。
3. 在 QQ 或 Skype 中添加好友，并与他们通过网络聊天。
4. 结合 QQ 或 Skype，讨论这些即时通信软件的附加功能。

第7章 电子商务

本章主要介绍网上购物和网上开店的方法。通过本章的学习，了解主要的电子商务平台以及网上购物过程中需要注意的一些事项。

学习目标

了解电子商务的基本概念及主要特点。

掌握网上购物的方法。

了解网上开店的方法。

7.1 电子商务概述

20 世纪 90 年代初期，"电子商务"这个时髦的名词，逐渐走入人们的生活。1996 年，我国出现第一笔网上交易活动。此后，随着 Internet 的普及以及电子商务运营环境的逐渐成熟，电子商务如同雨后春笋一般迅猛发展。直到 2007 年全国的电子商务交易总额达 2.17 万亿元，比 2006 年增长 90%。到了 2008 年，网络购物的用户人数达到了 6 329 万，电子商务类网站的总体用户覆盖数量也达到了 9 800 万。

7.1.1 电子商务的基本概念

电子商务（Electronic Commerce，EC）是指通过网上交易平台，采用基于浏览器/服务器的方式，进行网上营销、网上购物、在线电子支付的一种新型商业运营模式。

电子商务又可划分为广义和狭义的电子商务。广义的电子商务把所有的通过电报、电话、广播、电视、计算机等电子工具进行的商务活动，都认为是电子商务。狭义的电子商务则是指在 Internet 开放的环境下，通过网上交易平台，从事以商品交换为主的各种商务活动。通常所说的电子商务，即指狭义的电子商务。

电子商务覆盖的范围十分广泛，主要可分为以下 3 类电子商务模式。

（1）企业对企业（Business to Business，B2B），即企业和企业之间通过 Internet 进行产品信息发布、供求信息发布、订货或退货、电子支付、产品配送等商务活动。该模式的主要特点是电子商务的供需双方都是企业或者公司。B2B 的典型代表包括阿里巴巴、慧聪网、中国供应商等，阿里巴巴主页如图 7-1 所示。

（2）企业对消费者（Business to Consumer，B2C），即企业通过 Internet 为消费者提供一个在线的购物环境，消费者通过 Internet 购买企业提供的商品。该模式的主要特点是供方是企业，需求方是消费者。B2C 的典型代表包括当当网、卓越亚马逊网等，当当网主页如图 7-2 所示。

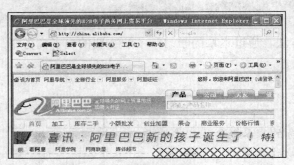

图7-1　阿里巴巴主页

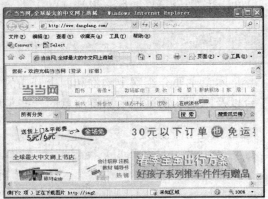

图7-2　当当网主页

（3）消费者对消费者（Consumer to Consumer，C2C），通过一个第三方的在线交易平台，使卖方可以提供商品上网拍卖，而买方可以自由选择商品进行竞价。C2C 的典型代表包括淘宝网、拍拍网等，淘宝网主页如图 7-3 所示。

图7-3　淘宝网主页

电子商务继承了 Internet 的开放性、全球性、低成本、高效率的特点，使得人们可以通过 Internet 相互之间自由地交易，节省了消费者和企业的时间，节约了企业的销售成本和消费者的购买成本，提高了交易效率。电子商务的出现，不仅改变了人们的购物习惯，也改变了企业的生产、销售、营销手段，并将影响到整个经济社会的运行和结构。

7.1.2　电子商务的特点

电子商务的发展是未来商业发展的一个必然趋势，正如蒸汽机的出现引发了工业革命一样，Internet 的出现在商业领域也引发了一场革命。电子商务可提供网上交易和营销等全过程的服务，它具有广告宣传、网上订购、网上支付、电子账户、交易管理等功能。

与传统的商务形式相比，电子商务具有以下 4 个方面的特点。

（1）低成本。对于商家来说，电子商务可以帮商家节省在广告、营销上的投入。对于消费者来说，电子商务可以节省交通费，减少了中介费用，而且可以大大地节约时间。

（2）全球化。由于地理位置的原因，决定了现实生活中市场的规模和服务范围的有限性。而在电子商务这种虚拟化的商品市场中，无论是在南极或者是北极上网，都将被包容在一个市场里，成为某个上网企业的客户。

（3）快捷化。电子商务的信息传递采用 Internet 的传输信道，以每秒 30 万千米的速度传递着。电子商务克服了传统商务被地理和时间限制的缺点，缩短了交易过程中的时间间隔，减小了距离对交易过程的影响。

（4）精简化。电子商务不再需要批发商，不再需要商场，客户可以直接从厂家订购产品，这样大大精简了商品流通的环节，节约了成本。

7.1.3 主要的电子交易平台

电子交易平台是由运营服务商提供统一的软硬件网络平台系统。它可以向商户提供网上开店、网上营销等服务，并向消费者提供网上购物、网上支付等服务。

根据电子商务模式的不同，电子交易平台也可分为 3 类。

1. B2B 类电子交易平台

（1）阿里巴巴

阿里巴巴是目前全球最大的网上交易市场和商务交流社区。稳固的结构、良好的定位、优秀的服务使阿里巴巴成为全球商人网络推广的首选网站，被商人们评为"最受欢迎的 B2B 网站"。

（2）慧聪网

慧聪网为中小企业提供 B2B 电子商务服务的网上贸易平台，是企业寻求电子商务网络贸易信息的首选行业门户。企业可以通过慧聪网快速地发布产品供求信息并达成交易。客户可以在慧聪网找到最全面的 B2B 行业资讯、供应、求购、库存信息。

（3）中国供应商

中国供应商是在国务院新闻办公室网络宣传局、中华人民共和国商务部市场运行司和国家发展和改革委员会国际合作中心共同指导下，由中国互联网新闻中心推出的权威、诚信的网络贸易平台。

2. B2C 类电子交易平台

（1）当当网

当当网开通于 1999 年 11 月，是目前全球最大的中文网上图书音像商城。当当网除了提供图书音像外，还提供其他商品的网上零售业务。当当网支持"送货上门，当面收款"的服务，也就是说客户可以在收到货物，并检查无误后，再付款给快递公司。

（2）卓越亚马逊网

卓越亚马逊网（http://www.amazon.cn/）开通于 1995 年，是目前中国规模最大、品种最全的网上购物商城。其提供的产品包括玩具、礼品、家居、化妆、手机、小家电、钟表首饰等 20 大类，并支持货到付款，15 天内无条件退货的服务。

3. C2C 类电子交易平台

（1）淘宝网

淘宝网成立于 2003 年，仅仅用了半年时间，就迅速占领了国内个人交易市场的领先位置，其发展速度之快，可以称得上是互联网企业界的一个奇迹。淘宝网的使命是"没有淘不到的宝贝，没有卖不出的宝贝"。到 2008 年一季度，淘宝网的交易额突破 188 亿，占据了 C2C 市场 80%以上的份额。

（2）拍拍网

拍拍网是腾讯旗下的电子商务交易平台，于 2006 年正式运营。凭借着腾讯 QQ 巨大用户群的有利资源，拍拍网发展的速度也让人叹为观止。拍拍网运营满一百天即成为"全球网站流量排名"的前 500 强。目前，拍拍网已成为国内成长最快、最受网民欢迎的 C2C 电子商务交易平台。

7.2　网上购物

通过对 7.1 节的学习，读者已经知道了网上可以购物的网站，但是仅仅知道这些是不够的，如何才能从网上的虚拟商城里购买到用户心仪的东西呢？下面，本书以从当当网上购买图书《西游记》为例，为读者介绍从网上购物的方法。

7.2.1　注册账号

网上购物的第一步，需要在该电子交易平台上注册一个账号。拥有了该账号后，才可以在该平台内给准备购买的物品下订单。

【操作步骤】

(1) 在网络浏览器的地址栏中输入当当网的网址（http://www.dangdang.com），打开当当网的主页，如图 7-4 所示。

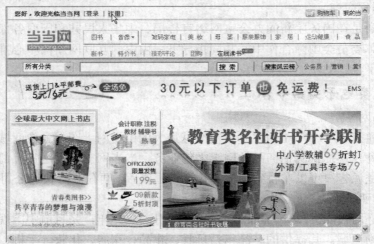

图7-4　当当网的主页

(2) 单击当当网主页左上角的"注册"链接。进入当当网用户注册界面，如图 7-5 所示。从该界面可以看到，整个注册的过程分为填写信息、验证邮箱、注册成功 3 个阶段。

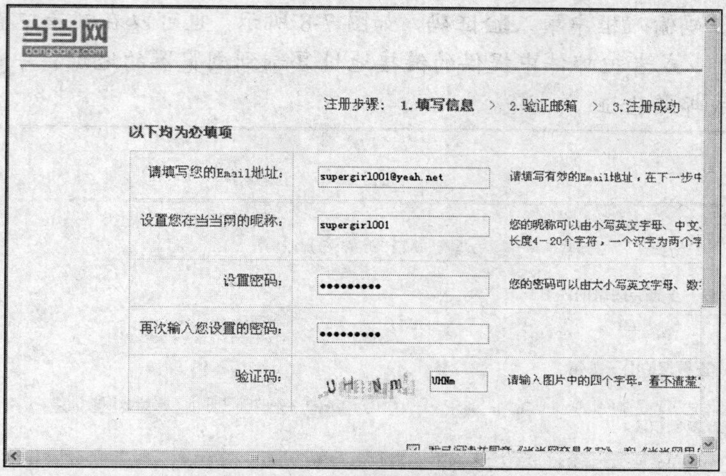

图7-5 当当网的注册页面

(3) 首先按照网站的要求完成注册信息的填写。第 1 步，填写自己的电子邮箱，如 supergirl001@yeah.net。第 2 步，填写昵称，可以随便输入一个自己喜欢的，如 "supergirl001"。第 3 步，输入自己的密码。第四步，输入确认密码，即把刚才输入的密码重新输入一次。第五步，输入验证码，按照验证码图片上显示的字母，把字母输入到验证码输入框中，需要注意的是输入时要注意大小写，如图 7-5 所示。若验证码图片上的字母看不太清楚，可单击右侧的 "看不清楚？换个图片"，换一个新的验证码图片。

(4) 然后单击 注册 按钮，进入验证邮箱界面。按照界面上的提示，要求用户再输入一个验证码，而这个验证码已经发送到用户刚才提供的电子邮箱。

(5) 打开电子邮箱，找到一封发件人为 "当当网" 的未读邮件，如图 7-6 所示。

supergirl001@yeah.net [邮箱首页，换肤，退出]

全部邮件 >>未读邮件 (共 3 封)

删除 | 举报垃圾邮件 | 标记为▼ | 移动到▼ | 查看▼

□ 发件人 主题

□ 日期：今天（1封）

□ 当当网 [收件箱] - supergirl001，完成最后一步，您的注册就成功了！

图7-6 收到的当当网的邮件

(6) 打开该邮件，其中红色字体的信件内容就是验证码，如图 7-7 所示。

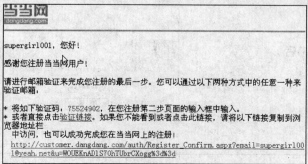

图7-7 邮件内容

(7) 在验证码输入框中填入验证码，如图 7-8 所示，也可以在邮箱中直接单击验证链接，或者把邮件中提供的链接地址复制到浏览器的地址栏中访问，可直接完成邮箱验证。

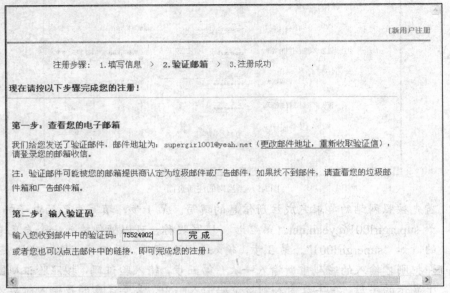

图7-8 填入验证码

(8) 单击 完成 按钮，完成当当网用户的注册。

7.2.2 选购物品

注册完成后，就可以在网站上选购想要的商品了。整个选购的过程分为 3 步，首先搜索想要买的商品；然后，在搜索的结果中，挑选最符合要求的商品；最后，挑好商品后，给商品下订单。本节将接着 7.2.1 小节的进度，看看选购物品的详细步骤。

【操作步骤】

(1) 登录当当网。单击"当当网"主页左上角的"登录"链接，进入当当网的登录界面，再输入注册时使用的 E-mail 地址或昵称以及密码，如图 7-9 所示。

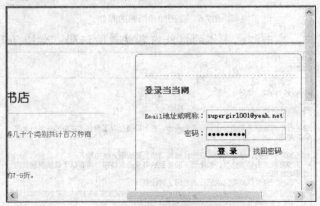

图7-9 登录当当网

(2) 单击 登录 按钮,跳转到当当网的主页,但此时已经是登录状态了,如图 7-10 所示。

(3) 搜索《西游记》一书。在当当网的主页上,可以看到一个搜索框,用户可以选择物品种类以及名称。在【物品分类】列表框中,选择"图书",在搜索输入框中输入要搜索的内容(如"西游记"),如图 7-11 所示。

图7-10　登录后的界面

图7-11　搜索物品

(4) 单击 搜索商品 按钮,搜索结果将在新的页面中罗列出来,默认情况下每页显示 20 条结果,对应的每条结果都会显示出书的作者、顾客评分、出版社、内容摘要、价格等信息,如图 7-12 所示。用户还可以根据书的价格、折扣、出版时间、上架时间对结果进行排序。

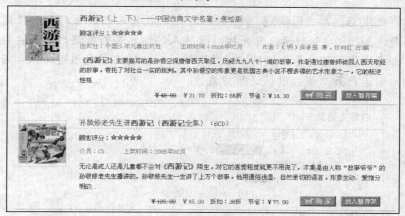

图7-12　搜索结果

(5) 比较搜索结果,挑选价钱合适,而且内容满足需求的图书。在准备购买的图书后面单击 马上购买 按钮,进入当当网的购物车界面,如图 7-13 所示。

(6) 购物车界面中,会列出当当网推荐的相关书籍和用户已经选购的书籍。用户可以在图 7-13 中黑框标示的地方修改所购买图书的数量。

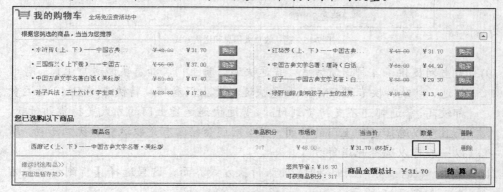

图7-13　商品结算

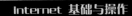
(7) 单击 结算▷ 按钮，进入填写收货人信息界面，如图 7-14 所示。收货人信息一定要如实填写，否则所订物品将无法送达。

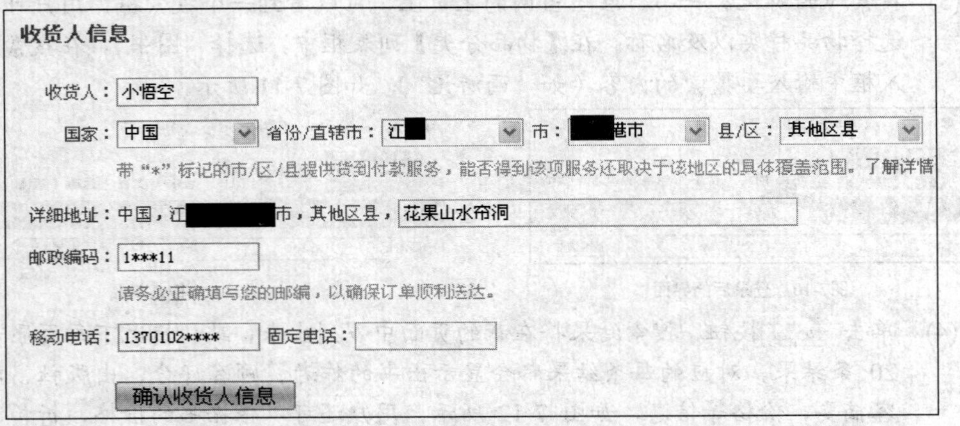

收货人信息

收货人：小悟空

国家：中国 省份/直辖市：江█ 市：██港市 县/区：其他区县

带 "*" 标记的市/区/县提供货到付款服务，能否得到该项服务还取决于该地区的具体覆盖范围。了解详情

详细地址：中国，江██████市，其他区县，花果山水帘洞

邮政编码：1***11

请务必正确填写您的邮编，以确保订单顺利送达。

移动电话：1370102**** 固定电话：

确认收货人信息

图7-14 填写收货人信息

(8) 填写完成后，单击 确认收货人信息 按钮，进入收货人信息核对和选择送货方式界面，如图 7-15 所示。首先核对收货人的信息是否有误，如果存在误差，单击【收货人信息】右侧的"修改"链接对收货人信息进行修改，若信息正确，则进行第二步，确认送货方式。

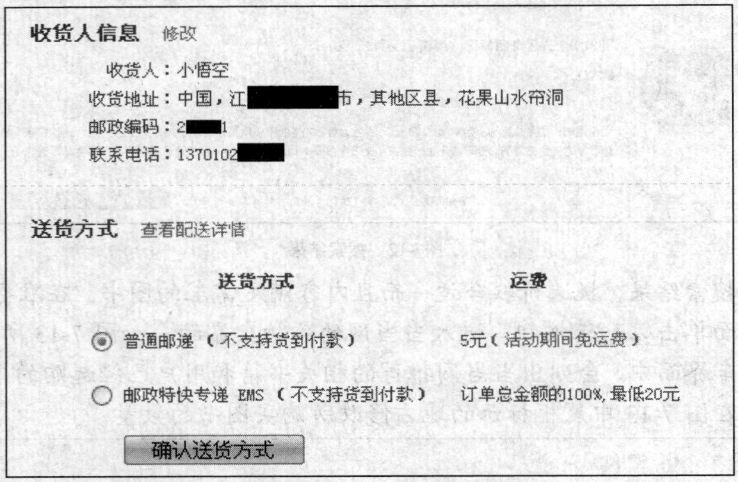

收货人信息 修改

收货人：小悟空
收货地址：中国，江██████市，其他区县，花果山水帘洞
邮政编码：2█████1
联系电话：1370102██████

送货方式 查看配送详情

送货方式	运费
⦿ 普通邮递（不支持货到付款）	5元（活动期间免运费）
○ 邮政特快专递 EMS（不支持货到付款）	订单总金额的100%，最低20元

确认送货方式

图7-15 确认收货人信息和送货方式

(9) 当当网提供了 4 种送货方式，普通快递送货上门、加急快递送货上门、普通邮递、邮政特快专递 EMS。加急快递送货上门和邮政特快专递 EMS 的运费都较高，普通邮递不支持货到付款，普通快递送货上门的方式支持货到付款，而且可以选择送货上门的时间，当当网还会经常有免收运费的优惠活动，所以一般可以选择此送货方式。

(10) 单击 确认送货方式 按钮，进入确认付款方式界面，这里选择【货到付款】方式，如图 7-16 所示。

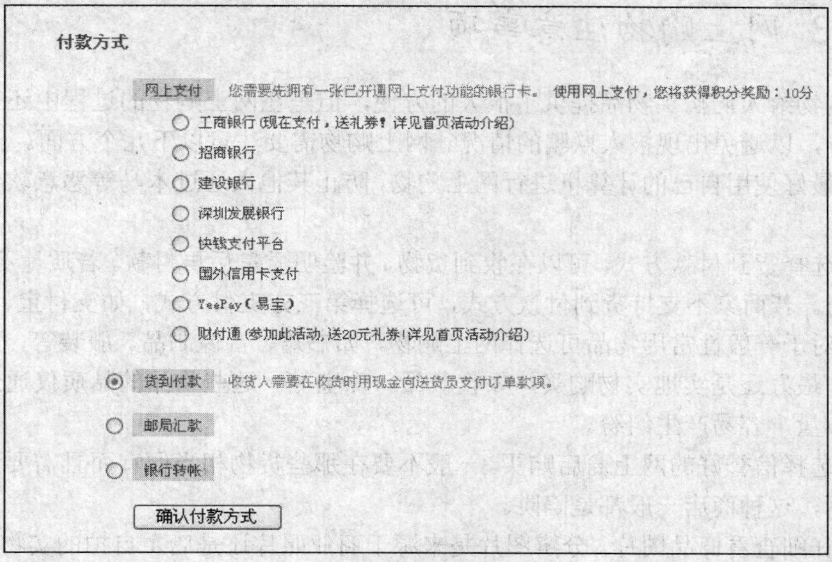

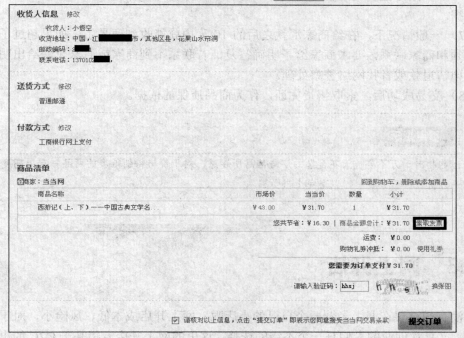

图7-16　选择付款方式

(11) 单击 确认付款方式 按钮，进入提交订单界面。用户如果想要索取发票，可单
    击如图 7-17 中黑框所示的链接，在弹出的窗口中填写发票的内容。在核对
    信息无误的情况下，输入验证码后，单击 提交订单 按钮。

图7-17　确认付款方式

(12) 订单提交成功后，进入订单提交成功界面，如图 7-18 所示。

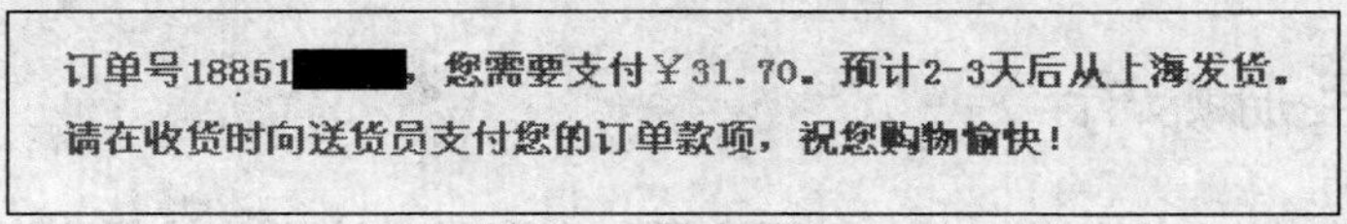

订单号18851_____，您需要支付￥31.70。预计2-3天后从上海发货。
请在收货时向送货员支付您的订单款项，祝您购物愉快！

图7-18　成功提交订单

7.2.3 网上购物注意事项

网上购物给人们购买物品提供了很大的方便，但是在网上购物的过程中还有很多需要注意的地方，以避免出现被人欺骗的情况。网上购物需要注意以下几个方面。

（1）最好使用自己的计算机进行网上购物，防止其他人通过木马等恶意软件窃取自己的账号。

（2）选择货到付款方式，可以在收到货物，并验明质量后再付款。若质量不符合要求，可选择拒付。若商家不支持货到付款方式，可选择第三方支付方式，如支付宝、财付通等。

（3）对于一般性常用物品可选择网上购物，如书籍、音像制品、服装等，而对于较贵重的物品，最好还是实地实物购买，如收藏品、珠宝等。这些物品的品质仅通过照片很难判断出其质量，容易产生纠纷。

（4）选择信誉好的网上商店购买。一般不要在那些货物相当便宜而且需要预支付的商家购买东西，这种商店一般都是陷阱。

（5）仔细查看商品图片，分辨图片是来源于商业照片还是店主自拍的实物。另外还需注意图片上的水印和店铺名，因为有很多店家在盗用其他人制作的图片。这些连商品图片要伪造的商店，其商品的质量肯定无法保证。

（6）针对所要购买的物品向卖家咨询，问清楚后再决定是否购买，不要自己想当然地认为差不多。最好把咨询过程中的图片或者是聊天资料等保存起来，万一出现争议，可以作为证据。

（7）一般情况下，在给商家汇款之后的 10 天内就能收到商品了，如果超过了这个期限就必须和商家联系，要求商家给予明确答复，若联系不到商家或商家无法给出明确答复的，可申请退款或者找网络警察处理。

（8）交易成功后，索取售货凭证，作为商品质保的依据。

 要点提示

　　网上购物时千万不要被天花乱坠的广告信息所迷惑，对于价格特别低廉的商品一定要高度警惕，切记"一分价钱，一分货"，以避免上当受骗。

7.3 网上开店

有没有想过要在网上经营一个自己的小店呢？网上开店成本低、风险小，对于没有太多资本，又喜欢创业的人们是一个不错的选择。这里的网上开店专指基于 C2C 的电子交易平台个人店铺。本小节，将以通过淘宝网申请免费的网上商店为例，介绍网上开店的流程。

7.3.1 注册账号

在淘宝网上免费开店的第一步，需要注册一个账号，这样才能得到淘宝网的认可。

【操作步骤】

(1) 在浏览器中打开淘宝网的主页，单击主页左上角的"免费注册"链接，如图 7-19黑框部分所示。

图7-19　淘宝网主页

(2) 进入选择注册方式界面，有手机号码注册和邮箱注册两种注册方式，如图 7-20所示。两种注册方式均为免费的，这里以邮箱注册方式为例。

图7-20　选择注册方式

(3) 单击 ▶点击进入 按钮，如图 7-20黑框部分所示。进入注册信息填写界面，如图 7-21所示。用户根据系统的要求填写注册信息，其内容和注册当当网账号的 内容基本是一样的。

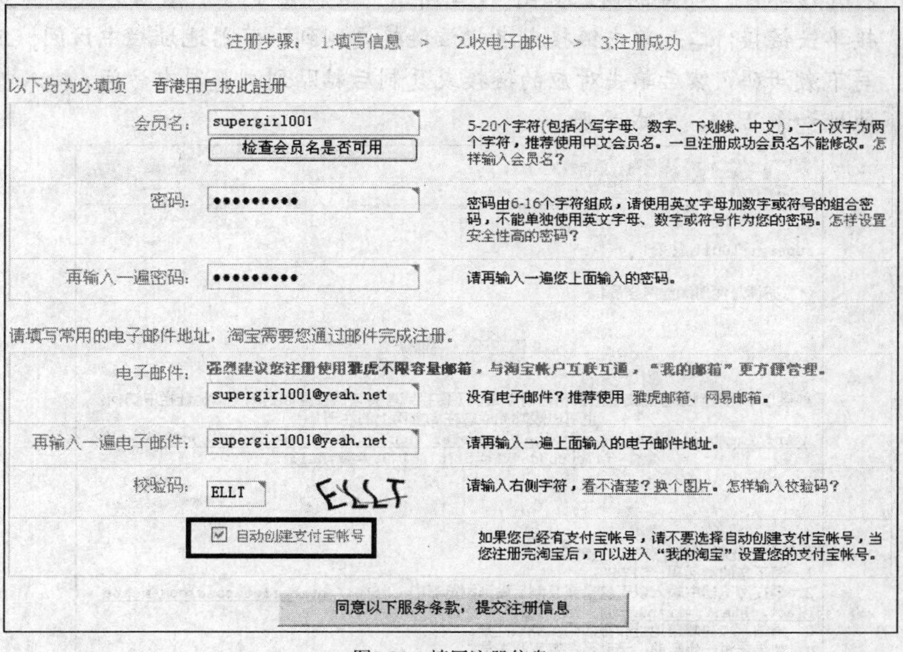

图7-21　填写注册信息

需要注意的是记着要选中【自动创建支付宝账号】复选框。选中后，系统将自动根据 用户提供的邮箱名称替用户注册一个新的支付宝账户。

(4) 填写完成后，单击 同意以下服务条款,提交注册信息 按钮，进入激活账号界面，如图 7-22 所示，用户需要在 24 小时内通过电子邮箱激活账号。

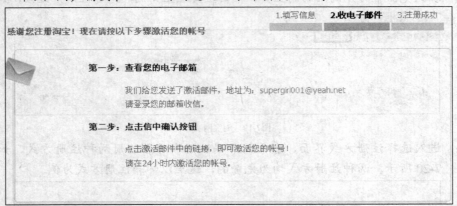

图7-22　激活账号

(5) 登录用户提供的邮箱，可以看到邮箱里多了一封发件人是"淘宝网"的邮件，如图 7-23 所示。

图7-23　来自淘宝网的邮件

(6) 打开该邮件，邮件的内容如图 7-24 所示。并提供了 3 种激活方式：一是直接单击链接；二是单击链接或者把该链接复制到浏览器地址栏中访问；三是写下激活码，然后单击对应的链接或复制后粘贴到浏览器中访问，输入邮箱地址和激活码，完成注册。

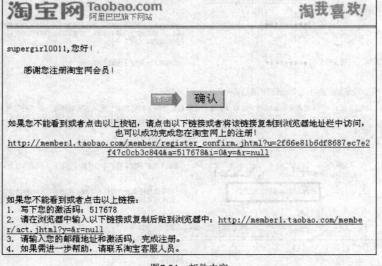

图7-24　邮件内容

(7) 成功激活后，进入注册成功界面，如图 7-25 所示。

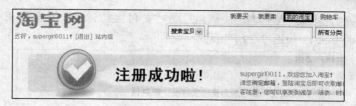

图7-25 注册成功界面

(8) 但是用户的注册过程还没完成，还要去激活支付宝账号。单击"我的淘宝"链接，进入我的淘宝界面，单击 账户管理 按钮，进入支付宝账户管理界面，如图 7-26 所示。

(9) 在支付宝账户管理界面中，可以看到支付宝账户的状态为未激活，如图 7-27 所示。

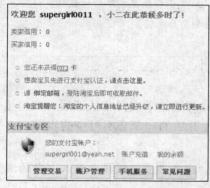

图7-26 支付宝账户管理界面

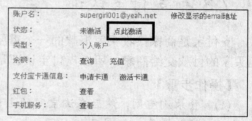

图7-27 激活支付宝账号

(10) 单击"点此激活"链接，如图 7-27 黑框部分所示。进入支付宝注册界面，如图 7-28 所示，个人信息部分需要按照个人的真实信息进行填写，否则会影响以后的付款或者收款。另外，为保证支付宝账户的安全，应将登录及支付密码设置成为不同的密码。

图7-28 填写注册信息

(11) 单击 保存并立即启用支付宝账户 按钮，完成对支付宝的注册，并会弹出一个账户激活成功的界面，如图 7-29 所示。

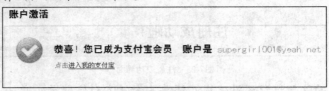

图7-29　账户激活成功

要点提示

　　支付宝是阿里巴巴开发的第三方支付平台，其致力于为中国电子商务提供"简单、安全、快速"的在线支付解决方案。用户使用支付宝在网上购买物品时，首先选择物品，然后付款到支付宝，等确认收到货物并保证质量无误后，通知支付宝付款给卖家，整个交易完成。

7.3.2　支付宝认证

　　支付宝是商家接收买家汇款的一个重要工具，只有通过了支付宝认证后，支付宝才会把买家的付款交给商家，所以支付宝认证是商家网上开店的一个必不可少的步骤。

【操作步骤】

(1)　登录淘宝网，然后在淘宝网的主页上单击"我的淘宝"链接，进入"我的淘宝"界面，如图 7-30 所示。

图7-30　我的淘宝

(2)　在如图 7-30 所示的黑框部分上，单击"请点击这里"链接，进入支付宝个人实名认证界面，如图 7-31 所示。

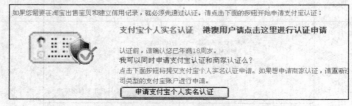

图7-31　支付宝个人实名认证

(3) 单击 申请支付宝个人实名认证 按钮，进入支付宝实名认知服务协议界面，如图 7-32 所示。

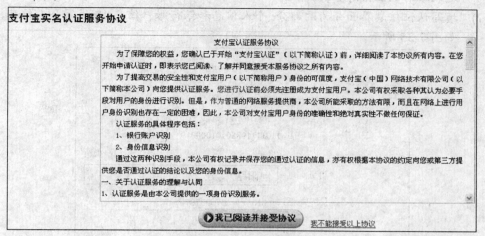

图7-32　支付宝实名认证服务协议

(4) 仔细阅读协议内容，并认为可以接受后，单击 我已阅读并接受协议 按钮，进入选择认证方式界面，如图 7-33 所示。

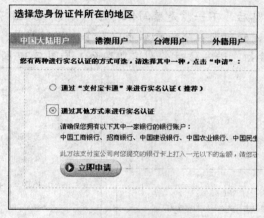

图7-33　选择实名认证方式

(5) 认证方式有【通过"支付宝卡通"来进行实名认证（推荐）】和【通过其他方式来进行实名认证】两种方式可以选择，这里以【通过其他方式来进行实名认证】为例。选中【通过其他方式来进行实名认证】单选按钮，然后单击 立即申请 按钮，进入身份证信息认证界面，如图 7-34 所示。

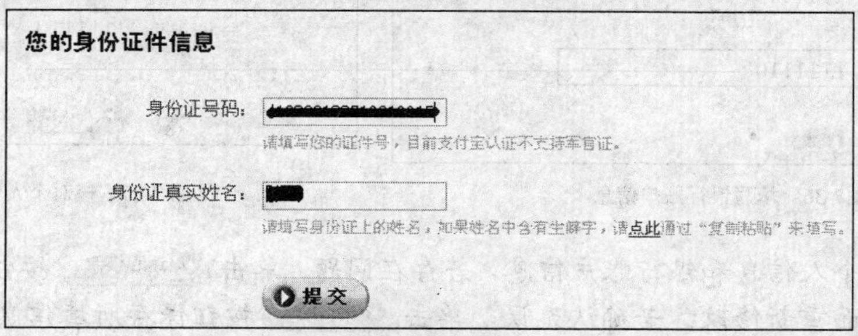

图7-34　填写身份证信息

(6) 在【身份证号码】输入框中输入自己的身份证号码，然后单击 提交 按钮，
进入填写认证信息界面。

(7) 填写认证信息界面分为两部分：个人信息和银行账户信息。先填写个人信息，
如图 7-35 所示。

您的个人信息

支付宝账号：supergirl1001@yeah.net

真实姓名：赵丽

证件号码：11011119850101000019 修改身份信息

详细地址： 向阳路 42 号

固定电话： 010 － 67698787 －

手机号码：

请至少填写固定电话和手机号码中的其中一项。

图7-35 填写个人信息

(8) 填写完个人信息后，下一步是填写银行账户信息，如图 7-36 所示。选择开
户银行的名称，银行所在省份和城市以及个人银行账号。

(9) 单击 提交 按钮，进入核对个人信息界面，如图 7-37 所示。

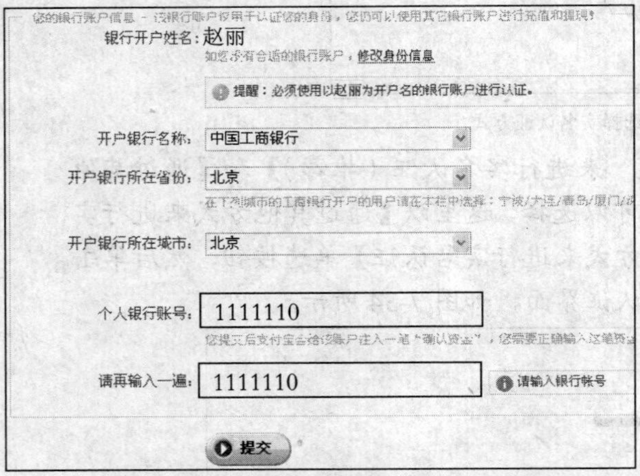

您的银行账户信息 - 该银行账户仅用于认证您的身份。您仍可以使用其它银行账户进行充值和提现！

银行开户姓名：赵丽
如您没有合适的银行账户，修改身份信息

提醒：必须使用以赵丽为开户名的银行账户进行认证。

开户银行名称：中国工商银行

开户银行所在省份：北京
在下列城市的工商银行开户的用户请在本栏中选择：宁波/大连/青岛/厦门/深圳

开户银行所在城市：北京

个人银行账号： 1111110
您提交后支付宝会给您账户注入一笔"确认资金"，您需要正确输入这笔账号

请再输入一遍： 1111110 请输入银行帐号

提交

图7-36 填写银行账户信息

您的个人信息

支付宝账号：supergirl1001@yeah.net

真实姓名：赵丽

身份证号码：11011119850101000019

常住地址： 向阳路 42 号

固定电话： 01067698787

手机号码：

您的银行账户信息

银行开户名：赵丽

开户银行：中国工商银行

开户银行所在省市：北京-北京

银行账号： 1111110

确认提交 返回修改

图7-37 核对个人信息

(10) 核对个人信息和银行账户信息，若存在问题，单击 返回修改 按钮，返回上
个界面重新修改。若确认无误，单击 确认提交 按钮保存所填信息，并进入
认证申请成功提交界面，如图 7-38 所示。

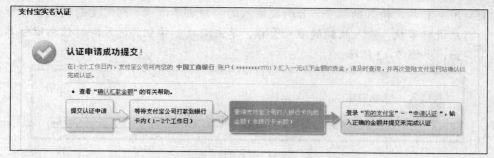

图7-38 认证申请成功提交

(11) 支付宝会在 1~2 个工作日内向用户的银行账户汇入一笔确认资金。下面需要做的就是等待支付宝汇入确认资金。

(12) 两天后，登录支付宝账户，选择"我的支付宝"，进入如图 7-39 所示的界面。

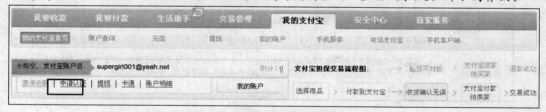

图7-39 申请认证

(13) 单击"申请认证"链接，进入如图 7-40 所示界面。查看填写的银行卡上收到的具体金额（若银行卡已经开通网上银行，则可通过 Internet 直接查询收到的具体金额，否则，需要到银行柜台查询）。

图7-40 确认汇款金额

(14) 单击 ◑ 输入汇款金额 按钮，进入确认汇款金额界面，如图 7-41 所示。

图7-41 确认汇款金额

(15) 用户有两次输入的机会，若两次输入的金额都不准确，则需重新提交银行账户进行审核。输入收到的准确金额，单击 **⊙确定** 按钮，进入即时信息审核界面，如图 7-42 所示。

图7-42　信息审核界面

(16) 审核通过，即通过支付宝实名认证，如图 7-43 所示。

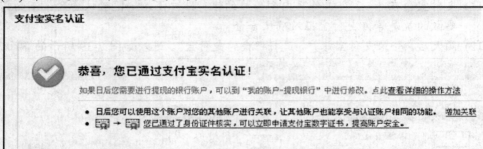

图7-43　通过支付宝实名认证

7.3.3 创建店铺

终于完成了复杂的注册和认证过程，现在可以开始创建网上小店了。

【操作步骤】

(1) 登录淘宝网，单击"我要卖"链接，如图 7-44 所示。

图7-44　登录淘宝网

(2) 进入选择宝贝发布方式界面，如图 7-45 所示。共有两种发布方式：一口价和拍卖。这里以"一口价"为例。

图7-45　宝贝发布方式

(3) 单击 一口价 按钮，进入宝贝类别选择界面，如图 7-46 所示。

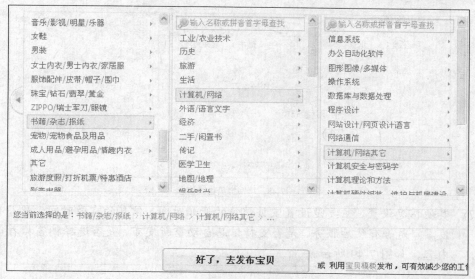

图7-46 选择宝贝类别

(4) 店主需要选择出售宝贝的类目，类目需与宝贝的属性类别相对应。

(5) 单击**好了，去发布宝贝**按钮。进入填写宝贝基本信息界面，该界面的内容包括3部分：宝贝基本信息、宝贝物流信息、其他信息。先看第一部分，宝贝基本信息，如图7-47所示。

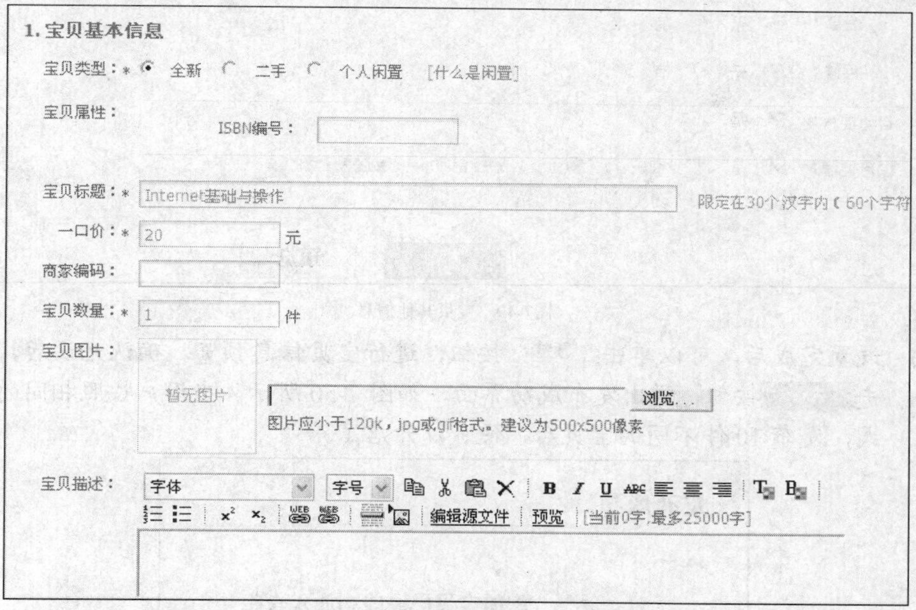

图7-47 填写宝贝基本信息

宝贝基本信息的内容包括：宝贝类型、宝贝属性、宝贝标题、一口价、商家编码、宝贝数量、宝贝图片、宝贝描述。店主应正确选择发布的商品信息，以便买家可以尽快找到店主发布的宝贝。

(6) 选择宝贝的物流信息，即选择为买家送货的方式，以及谁负责运费等内容，如图7-48所示。

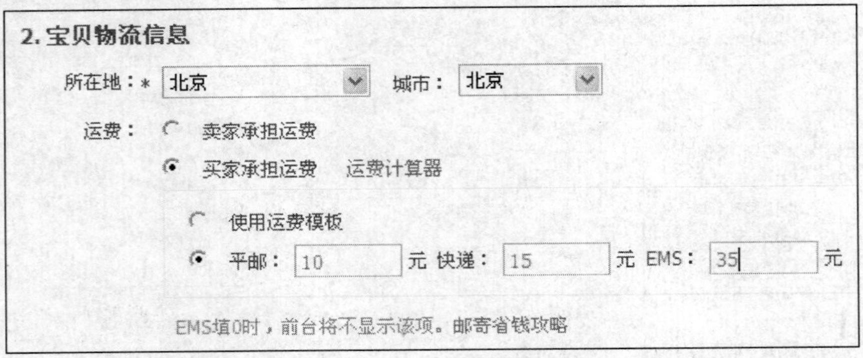

图7-48 填写宝贝物流信息

(7) 其他信息设置，主要是设置宝贝销售的开始时间、信息的有效时间、是否有发票、是否有售后服务、是否支持信息自动重新发布、是否选择橱窗推荐等内容，如图7-49所示。

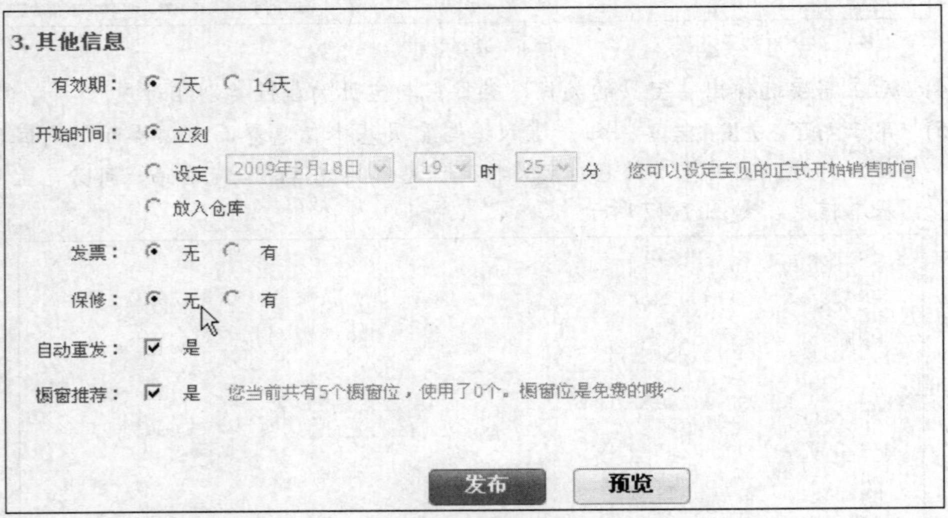

图7-49 宝贝其他信息

(8) 设置完成后，可以单击 预览 按钮，进行宝贝信息预览。确认无误后，单击 发布 按钮，弹出发布成功界面，如图7-50所示。当用户按照相同的方式，发布10件不同的宝贝后，便可以开店了。

图7-50 宝贝发布成功

(9) 发布10件商品以后，可以在"我的淘宝"里单击"免费开店"链接，创建用户的店铺，如图7-51黑框部分所示。

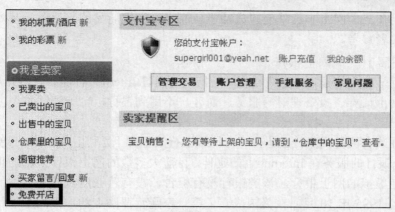

图7-51 免费开店

(10) 进入店铺信息填写界面后，有3部分内容：店铺名称、店铺类目、店铺介绍，如图 7-52 所示。

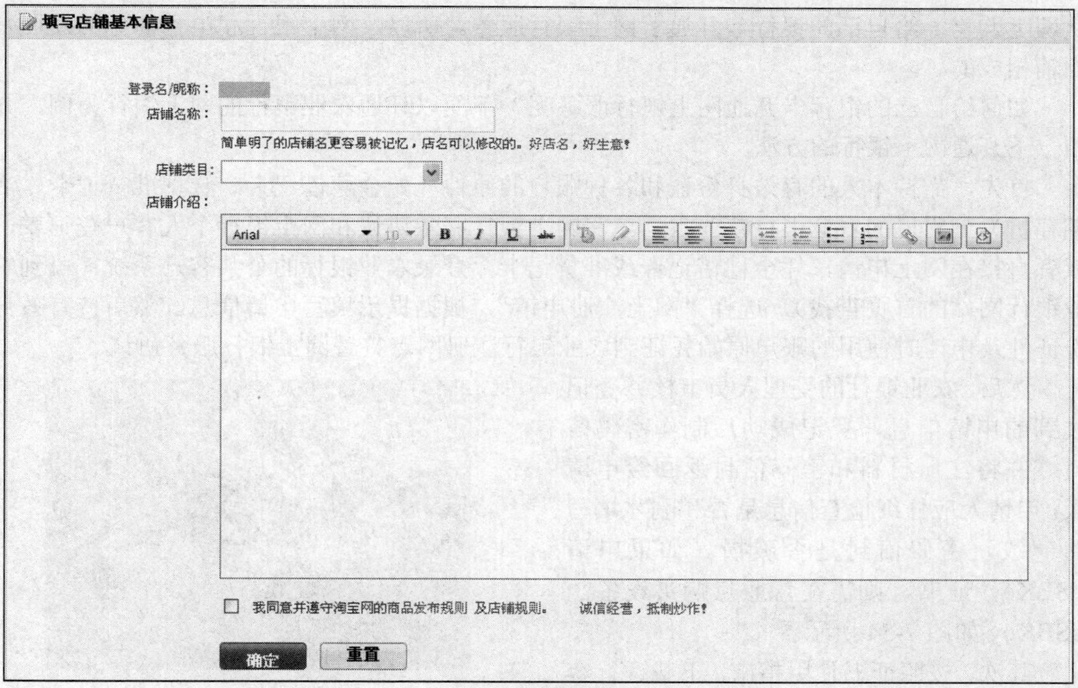

填写店铺基本信息

登录名/昵称：

店铺名称：

简单明了的店铺名更容易被记忆，店名可以修改的。好店名，好生意！

店铺类目：

店铺介绍：

| Arial | 10 | B | I | U |

☐ 我同意并遵守淘宝网的商品发布规则 及店铺规则。　诚信经营，抵制炒作！

确定　　重置

图7-52 填写店铺信息

(11) 根据系统的相关提示，完成以上3个部分内容的填写，然后单击 **确定** 按钮，进入创建成功界面，如图 7-53 所示。

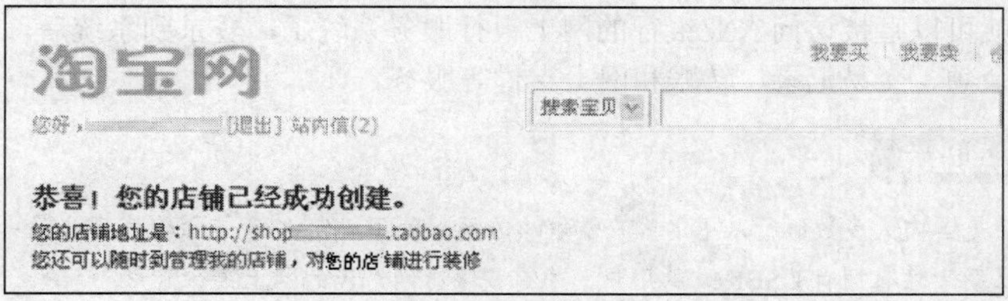

淘宝网

您好，￼￼￼￼￼ [退出] 站内信(2)

我要买 ｜ 我要卖 ｜

搜索宝贝

恭喜！您的店铺已经成功创建。

您的店铺地址是：http://shop￼￼￼.taobao.com
您还可以随时到管理我的店铺，对色的店铺进行装修

图7-53 店铺创建成功

通过以上步骤，网上小店就创建成功了。商家可以把商品的照片以及基本信息放到小店里，供购买者参考。

【知识拓展】——网上银行

网上银行又称网络银行、在线银行，是指银行通过 Internet 向客户提供开户、销户、查询、转账、网上证券、投资理财等服务，而客户不用到银行柜台就能够安全方便地管理自己的银行账户。

网上银行共有两种类型，一是在现有传统银行的基础上，利用 Internet 开展传统的银行业务，是传统银行的服务在 Internet 上的延伸，目前大多数的网上银行采用的也是此类发展模式；二是纯虚拟的网上银行，该类银行没有柜台，没有营业网点，其提供的服务完全依赖于 Internet。1995 年 10 月，在美国成立了第一家无营业网点的虚拟网上银行，它用网页作为营业厅，为客户提供各种金融服务，其员工仅有 19 人，主要负责的工作是进行网络维护和管理。

网上银行提供的网上购物协助服务，大大方便了人们从网上购物。越来越多的人为了从网上购物，给自己的银行卡开通了网上银行服务。所以，网上银行和电子商务的发展是相辅相成的。

如何给自己的银行卡开通网上银行服务呢？下面以开通农业银行的网上银行为例，介绍一下开通网上银行的方法。

首先，需持本人的有效身份证和各种账户的原件（如金穗借记卡、金穗准贷记卡、活期存折）到附近的农业银行营业点，填写网上银行服务协议和网上银行个人客户登记表，或者直接在网上申请，凭金穗借记卡或准贷记卡，登录农业银行的公共客户系统（可到农业银行网站的首页查找），选择"网上注册申请"，根据提示填写申请信息。然后持有效身份证件及申请时使用的账户原始凭证到农业银行注册网点签署网上银行服务协议。

然后，农业银行的受理人员审核并登记收到的申请信息，登记成功后制作密码信封。并将注册材料和密码信封返回给申请人，申请人应仔细检查信息是否和刚才填写的一致，密码信封是否破损。如果申请USBKey 证书，则需在营业点购买设备。USBKey 如图 7-54 所示。

图7-54　USBKey

其次，按照证书使用指南，下载运行客户端智能安装程序，自动建立网上银行使用环境。登录农业银行的网站，按照提示自动下载客户证书。如果申请 USBKey 证书，可以要求营业网点的服务人员代为下载。

最后，就可以直接访问农业银行的网上银行服务系统了，登录到系统后，可以享受在线查询账户余额、交易记录、转账和网上支付等服务。

　**要点提示**

USBKey 是国内大多数银行采用的客户端解决方案，使用 USBKey 存放代表用户唯一身份的数字证书和用户私钥。只有拥有 USBKey 的用户，才有权限访问对应的网上银行账户。

实训一 网上购买小说

本实训要求根据 7.2 节介绍的内容，练习从当当网和卓越亚马逊网挑选价格最便宜的《红楼梦》。

【操作步骤】

(1) 在当当网上搜索《红楼梦》，并根据价格找出最便宜的。

(2) 在卓越亚马逊网上搜索《红楼梦》，并根据折扣找出最便宜的。

(3) 比较哪个网站上的《红楼梦》最便宜。

实训二 网上开店出售旧书

本实训要求根据 7.3 节介绍的内容，练习在淘宝网上开一个小店，出售自己的旧书。

【操作步骤】

(1) 登录淘宝网，注册自己的网上小店。

(2) 注册自己的网上银行，绑定到自己的淘宝账户。

(3) 给书拍摄数码照片，发布到自己的网上小店。

小结

本章主要介绍了电子商务的基本概况。电子商务是利用简单、快捷、低成本的电子通信方式，买卖的双方不用见面就可以进行交易的各种商贸活动。电子商务将传统商务流程电子化、数字化，以电子流代替了实物流，节省了人力、物力，降低了成本，并突破了时间和空间的限制，使得交易活动可在任何时间和地点进行，提高了效率。电子商务将改变整个社会的经济运行和结构。

网上购物和网上开店是接触电子商务最方便、快捷的途径，而开通网上银行是进行网上购物和网上开店的基础，掌握这些知识对了解电子商务有很大帮助。

习题

1. 什么是电子商务？它的主要特点是什么？

2. 简述电子商务的类型，以及每种类型的主要特点。

3. 简述网上购物时需要注意的事项。

4. 结合实际情况，讨论电子商务对你的生活都有哪些影响？

5. 讨论网上购物的弊端。

第8章 Internet 休闲与娱乐

本章主要通过网上在线观看视频、网上欣赏歌曲，开通个人博客等内容，介绍 Internet 给用户带来的丰富多彩的学习和娱乐生活。通过本章的学习，可以了解 PPLive、酷狗等相关软件的使用，还可以了解申请博客账号、设置博客以及发布博文等内容。

学习目标

了解在线观看电影的方法。
了解在线听歌的方法。
掌握发布日志的方法。

8.1 网上视频欣赏

当工作了一整天，身心疲惫之际，不如停下手头的工作，看一段有意思的视频或者听几首轻松愉快的歌曲，放松一下紧绷的神经，或许接下来的工作效率会更高。随着 P2P 技术的广泛应用，以及网络带宽的提高，网上看视频、听歌已经不是什么稀罕事。而且随着人们欣赏要求的提高，很多在线视频网站或者在线视频播放器都已经开始支持播放高清视频，以满足人们对视频视觉效果的追求。

根据播放方式的不同，网上视频的播放可以分为两类。

（1）在线视频播放网站。客户端通过浏览器发送请求，服务器返回视频数据给客户端，客户可以直接通过浏览器观看视频，无须安装其他软件，但播放的流畅性较差。

（2）在线视频播放器。此类播放器多采用了 P2P 技术，有效地保证了视频播放的流畅性，但需要在本地计算机安装在线视频播放器。

8.1.1 在线视频网站

在线视频网站一般采用在线流媒体播放技术，网站的服务器一般都会开启快速缓冲服务。在客户欣赏视频的同时，播放器会在后台下载剩余的视频内容到本地硬盘，这样用户就可以流畅地观看视频了。如果在线视频网站的服务器没有开启快读缓冲服务，那么播放器一般只能下载最近几秒的要播放的视频内容到本地内存中，而不用保存到硬盘。

下面介绍几家国内比较流行的在线视频网站。

1. 优酷网

优酷网是国内著名的视频分享网站之一，以"快速播放、快速发布、快读搜索"为产品特性。用户可以方便快捷地浏览、上传、搜索、分享丰富多彩的视频内容，图8-1所示为优酷网主界面。优酷网是国内首家提供视频无限量上传与存储空间，并支持个人发起视频擂台及评分系统的网站。

通过优酷网，用户可以观看其他用户上传的原创视频、电影电视视频等内容，还可以自己制作视频，然后上传到优酷上，与其他用户一起分享。

图8-1 优酷网主界面

2. 土豆网

土豆网也是国内著名的视频分享网站之一，其网站的理念是"每个人都是生活的导演"，图8-2所示为土豆网主界面。用户可以上传自己拍摄的生活片段，上传自己录下的声音等。土豆网还为用户提供了无限存储空间的个人空间，用户可以把视频上传到个人主页，与其他客户分享这些节目。

图8-2 土豆网主界面

在土豆网上，用户可以把自己的好友加入到联系人中，每次上传新制作的节目，可以很容易地通知朋友来下载收看。用户也可以向特定的频道和专题上传节目，这些专题和频道由一些兴趣相同者共同维护。

3. 天线视频网

天线视频网是中国最大的网络电视平台，图 8-3 所示为天线网主界面。在天线视频网上，用户可以在线点播、观看和订阅电视节目、电影、电视剧及其他视频，也可以搜索互联网海量的视频内容，享受高清完美体验。天线视频网上汇集了中央电视台、凤凰卫视、湖南卫视、上海文广以及全国各省市电视台的所有电视节目和港台综艺节目。

图8-3　天线视频网主界面

在天线视频网观看电影或电视节目时，无须下载任何插件。用户还可以和好友分享影视资料或者图片视频，并查看网友们经典的电影评论。用户不仅可以找到自己喜爱的电影、电视剧和电视节目，还可以发现和自己趣味相投的朋友。

以上 3 个视频共享网站是比较具有代表性的视频网站，类似的网站还有很多。如果用户有需要，可以通过搜索引擎搜索，不同的网站有不同的风格和主题，也许会有意外的发现。

8.1.2 浏览和上传视频

观看在线视频网站上的视频是十分简单的，和用户在网站上浏览网页的操作是类似的。能上传自己的视频与好友们分享，可以说是一件非常快乐而且有意义的事情。本小节将以优酷网为例，介绍浏览视频和上传视频两部分内容。

【操作步骤】

(1) 打开网站。在浏览器地址栏中输入优酷网的网址（http://www.youku.com），进入优酷网，如图 8-4 所示。

图8-4 优酷网主页

(2) 播放视频。在优酷网的主页上，推荐了一些当日比较有影响力的热门视频，用户可以直接单击对应视频链接，缓冲几秒后，视频就会开始播放。

(3) 用户还可以自己搜索视频。在优酷网的主页上，有一个搜索框，如图 8-5 所示。用户可以输入视频的名称后，单击 搜索 按钮。

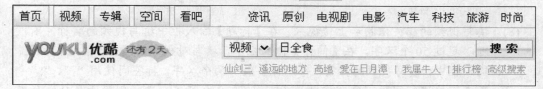

图8-5 搜索视频

(4) 选择搜索到的视频。网站会把搜索结果以列表的形式返回给用户，如图 8-6 所示。

图8-6 搜索结果

(5) 观看视频。用户可以直接单击对应的视频，进入视频浏览界面。

(6) 上传视频。上传视频要求用户先注册成为优酷网的会员，注册过程这里不再详述。注册成功后，进入如图8-7所示界面。

(7) 单击"上传视频"链接，进入上传视频界面，如图8-8所示。

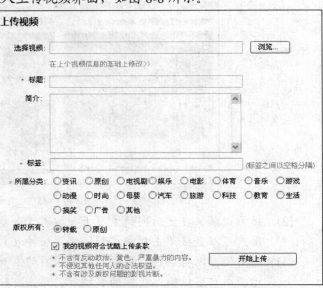

图8-7 上传视频　　　　　　　　　　图8-8 填写视频信息

(8) 填写视频的相关信息和上传视频。在【标题】输入框中填写视频的名称，不可以超过50个汉字，在【简介】输入框中，填写对视频的简介，在【标签】输入框中，填写视频的标签，每个标签最少两个汉字，标签间使用","、";"或者空格进行间隔。每个视频最多可以有10个标签，选择视频所属分类和版权所有。单击 浏览… 按钮，选择所要上传的视频，如图8-9所示。

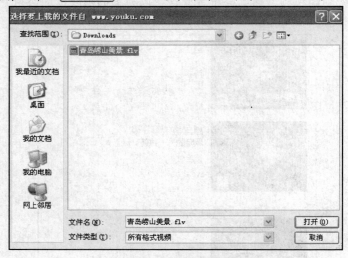

图8-9 选择准备上传的视频

(9) 选择视频文件后，单击 打开(O) 按钮，完成对准备上传视频的选择。单击 开始上传 按钮，开始上传视频，如图8-10所示。

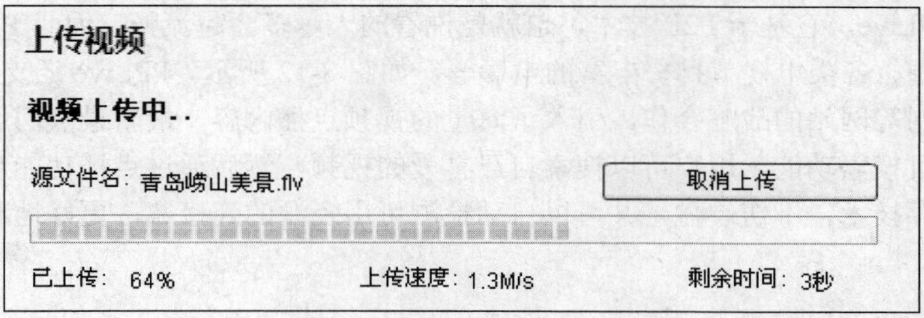

上传视频

视频上传中..

源文件名: 青岛崂山美景.flv　　　　　　　　　　　　　　　上传新视频

已上传: 64%　　　　　　上传速度: 1.3M/s　　　　　　剩余时间: 3秒

图8-10　视频上传过程

(10) 视频上传成功后,进入如图 8-11 所示界面。用户可以单击 [上传新视频] 按钮,继续上传新的视频。

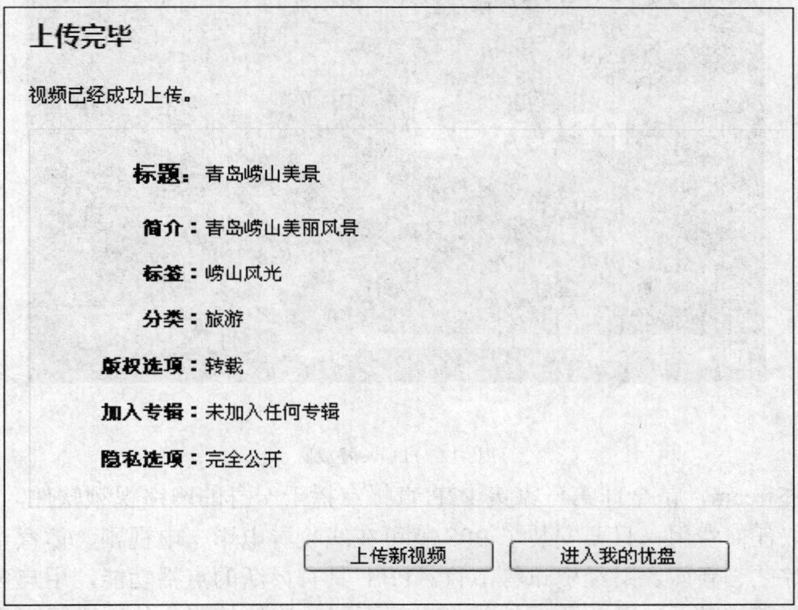

上传完毕

视频已经成功上传。

　　　　标题: 青岛崂山美景

　　　　简介: 青岛崂山美丽风景

　　　　标签: 崂山风光

　　　　分类: 旅游

　　版权选项: 转载

　　加入专辑: 未加入任何专辑

　　隐私选项: 完全公开

[上传新视频]　　[进入我的优盘]

图8-11　视频上传成功

要点提示

　　上传视频的大小需小于 200MB,上传视频的格式必须属于以下范围: wmv、avi、dat、asf、rm、rmvb、ram、mpg、mpeg、3gp、mov、mp4、m4v、dvix、dv、dat、mkv、flv、vob、ram、qt、divx、cpk、fli、flc、mod。

8.1.3　在线视频播放器

　　在线视频播放器是指一种通过网络传送视频数据,并使用户可以在线观看视频的专业软件。用户在客户端通过在线视频播放器向服务器发出请求,服务器再向节目源处请求数据,服务器收到节目源的数据后把数据发送到各个客户端。客户在浏览视频的同时,播放器会在后台继续下载剩余的内容到本地硬盘,以保证视频播放的流畅性。

　　目前比较流行的在线视频播放器较多,这里选择 3 个影响力较大的给大家介绍一下。

（1）PPLive，它基于 P2P 技术，也就是说看的人越多会越流畅。而且 PPLive 有着丰富的视频资源、各类电视节目、丰富的电影等，如图 8-12 所示。PPLive 还支持点播频道，通过与优酷网等网站的战略合作，引入了海量的视频点播内容，最新最热门影视剧尽在掌握。支持节目搜索功能，用户可以搜索自己喜爱的视频，然后通过点播功能观看视频。采用优秀的缓存技术，不伤硬盘，并可以自动检测可用资源的连接数，更好地利用了网络中的资源。

图8-12　PPLive 播放器

（2）PPStream，是全球第一家集 P2P 直播点播于一身的网络视频软件，如图 8-13 所示。它不收取任何费用，只要安装了 PPS 就可在线收看电影、电视剧、体育直播、游戏竞技、动漫、综艺、新闻、财经资讯等节目。PPS 具有灵活的点播功能，用户可以根据自己的时间安排，随点随看。并为不同的用户实行不同的连接策略，使用户不再为自己是网通用户还是电信用户而发愁。

图8-13　PPStream 播放器

（3）PIPIPlayer，又称皮皮播放器，同样采用 P2P 技术，支持点播模式，如图 8-14 所示。安装 PIPIPlayer 后，可免费观看 47 000 多部的高清电影、电视剧，并且每天更新超过 100 部。对于喜欢收看最新电影和电视剧的用户来说，是一个非常不错的选择。

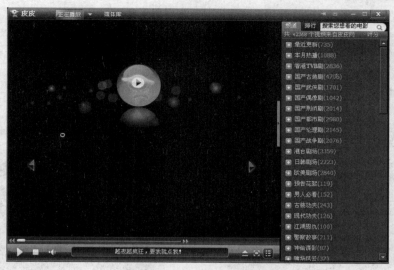

图8-14　PIPIPlayer 播放器

　　类似的在线播放器还有很多，如 UUSee 网络电视、QQLive、沸点网络电视、风行网络电影等。它们的功能基本类似，都可以为用户提供在线的视频欣赏服务，主要区别在于提供的视频内容有所不同，例如，用户想找一个比较冷门的电影时，可能在上述推荐的在线播放器上是找不到的，这时用户可以多试几款在线播放器，或许会有发现。

8.1.4　PPLive 欣赏电影

　　上面介绍了很多的在线视频播放器，本小节将以 PPLive 为例，介绍使用专业的在线视频播放器欣赏电影的方法。

【操作步骤】

(1) 下载和安装 PPLive。从官方网站（http://www.pplive.com）下载 PPLive，下载完成后，双击安装程序，进行安装即可，这里不再详述。

(2) 安装完成后，双击桌面的快捷图标或者选择【开始】/【所有程序】/【PPLive】命令，运行 PPLive。

(3) 在 PPLive 主界面右侧的播放列表栏中，包括【视频】、【收藏】和【最近观看】3 个选项卡。在【视频】选项卡中，可在线观看电影、电视剧、动漫、综艺、体育直播、游戏竞技、财经资讯等丰富的视频娱乐节目；在【收藏】选项卡中可以找到用户收藏过的、比较喜欢的节目；在【最近观看】选项卡中可以找到用户最近看过的节目。

(4) 观看视频。用户可以根据视频分类来选择喜欢的视频进行播放。如在【视频】选项卡中，选择【少儿卡通】/【国产经典】分类，如图 8-15 所示，然后在下一级列表中选择相应的节目。缓冲几秒钟后，PPLive 主界面左侧的播放区域将开始播放电影。

(5) 用户还可以通过搜索框，搜索自己想看的视频节目，如图 8-16 所示，在搜索框中输入视频的名称，PPLive 会自动搜索视频，用户直接双击对应的视频，便可进行观看。

图8-15　在节目列表中选择视频

图8-16　在搜索结果中选择视频

8.2　在线听歌

在线听歌有两种方式可以选择，一种是到在线音乐网站，适合于在公用计算机上听歌的情况；另一种是安装专业的在线音乐播放软件，适合于在自己的计算机上听歌的情况，若遇到喜欢的歌曲，还可以下载到本地硬盘中。

8.2.1　在线音乐网站

这里将为用户推荐几个优秀的在线音乐网站，让用户能够舒服地在线欣赏歌曲。

1.　亦歌

亦歌是一款全新的在线音乐播放器，整个界面简洁大方、清新自然。图8-17所示为亦歌网主界面。亦歌采用零输入的自动播放模式，无须用户注册，无须用户进行任何的操作，亦歌会不间断地播放受到广泛好评的优秀歌曲。

亦歌还提供了搜索服务，用户可以根据歌名、歌手和专辑的任何片段搜索出相应的歌曲。在听歌过程中，亦歌会根据用户的操作自动分析用户对音乐的喜好，越来越多地播放用户偏爱的歌曲。

图8-17 亦歌网主界面

2. 友播网

友播网（http://www.yobo.com），一个值得注册的在线音乐网站，图 8-18 所示为友播网主界面。友播网最大的特色在于其提供的音乐 DNA 心理测试入口，用户通过一些小测试后，友播网会根据测试结果向用户推荐适合用户风格的歌曲。用户可以直接在搜索框中，输入歌名、歌词搜索歌曲，还可以根据歌手标签、曲风标签搜索喜欢的同一类歌曲。

图8-18 友播网主界面

友播网还提供了一个叫做"MiniYOBO"的小工具，用户可以把这个小工具嵌入到自己的博客里，用来播放歌曲。

3. SongTaste

SongTaste（http://www.songtaste.com），用音乐倾听彼此。一个基于 Web 2.0 式的音乐

分享网站，用户在这里可以试听歌曲，互相之间进行交流、推荐歌曲，图 8-19 所示为 SongTaste 主界面。SongTaste 的歌曲都是用户互相推荐分享的精品歌曲，而不是简单地克隆音乐试听网站的歌曲。另外，SongTaste 与一般音乐网站的不同之处在于，允许用户上传自己收藏的音乐。在众多音乐爱好者的分享下，SongTaste 上的音乐种类十分齐全，包括世界各地的特色音乐，比如，越南音乐、印度音乐等，还有大量的游戏里的音乐、广告里的音乐、原创歌手的音乐等。

SongTaste

用音乐倾听彼此

登录到SongTaste

用户名：

密　码：

Login

忘记密码 ｜ 免费注册

图8-19　SongTaste 主界面

SongTaste 会自动记录并分析每个注册用户的音乐爱好，并自动寻找用户可能喜欢的歌曲，还可以计算任何两个用户之间的相似度。用户每天都可以在 SongTaste 上发现新的朋友，大家一起听着同样的音乐，甚至喝着相同的咖啡。

以上给大家介绍了 3 个比较优秀的在线音乐网站，它们各自有不同的特点。用户可以根据自己的喜好选择适合自己的在线音乐网站，也可以通过搜索引擎搜索其他的在线音乐网站，也许有更优秀的音乐网站等待大家去发现。

要点提示

在线听歌网站其实也把歌曲下载到了本地计算机上，用户可以到 C:\Documents and Settings\Administrator\Local Settings\Temporary Internet Files 文件夹里找到对应的歌曲文件。该文件夹需要用户打开系统的显示隐藏文件的功能才可以看到。

8.2.2 在线音乐播放器

在线音乐播放器，即专业的在线音乐播放软件。相对于音乐网站而言，在线音乐播放器最大的优点在于其能够方便地下载用户喜欢的歌曲到本地。不足之处在于需要安装软件到本地的计算机上。下面给大家推荐两款目前比较流行的在线音乐播放器。

1. 酷狗音乐盒

酷狗的界面让人耳目一新，如图 8-20 所示。酷狗音乐盒优化了歌曲的搜索准确度，用户只需知道歌手名字、歌曲名称，甚至是一小段歌词，就可以在酷狗上搜索到想要的结果。

酷狗音乐盒采用 P2P 技术，实现 8 源极速下载，并智能化节约带宽，保证了用户在线

听歌的流畅性，并支持本地播放，兼容所有的音频文件，提供超完美音质，使播放的音乐更动听。用户还可以在酷狗提供的模板上给喜爱的歌曲添加歌词。

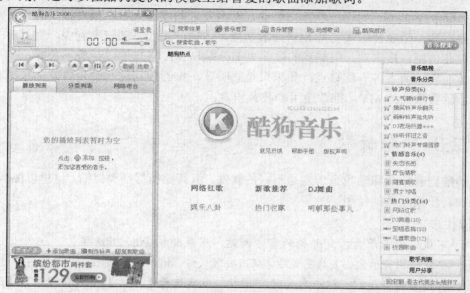

图8-20　酷狗音乐盒

2．酷我音乐盒

一款集歌曲和 MV 搜索、在线播放、同步歌词为一体的音乐聚合播放器，如图 8-21 所示。酷我音乐盒的服务器收集了超过 100 万首歌曲及 MV，并且每日更新，无论什么偏歌奇歌，在上面基本都能找到。

图8-21　酷我音乐盒

酷我音乐盒采用多资源超线程技术，令歌曲和 MV 一点即播，无须等待。并可以同步欣赏明星写真、滚动歌词，像卡拉 OK 一样欣赏同步歌词，像看电影一样欣赏写真图片，还能把自己的照片配上喜欢的音乐做成 MV 秀。

以上介绍了两款在线音乐播放器，酷狗音乐盒和酷我音乐盒。酷狗音乐盒搜索能力较强，而且歌曲大部分是 MP3 格式的，音质清晰，且制作歌词很方便。但是酷狗的歌曲，全靠网友之间 P2P 共享，对于一些冷门歌曲，若网友之间没有人听，或者很少有人听，很可能就会搜不到。酷我音乐盒支持 MV 播放功能，占用的系统资源较酷狗少，而且对于一些独特的歌曲也可以搜索到，但酷我的歌曲大部分是 WMA 格式的，音质不太好。

总体而言，两者各有优缺点，如果只是想听歌，推荐使用酷狗音乐盒。如果想在听歌的同时，欣赏歌曲的 MV，推荐使用酷我音乐盒。

8.2.3 酷狗听歌

虽然酷狗音乐盒和酷我音乐盒是不同的软件，但其操作都是类似的，这里以酷狗为例，介绍在线音乐播放器的使用。

【操作步骤】

(1) 下载酷狗音乐盒。到酷狗的官方网站，下载酷狗音乐 2008 版。

(2) 安装酷狗音乐盒。下载完成后，双击安装文件，进入安装过程，这里不再详述。

(3) 运行酷狗音乐盒。双击桌面的 ⓚ 图标，或者选择【开始】/【所有程序】/【酷狗音乐】/【酷狗音乐 2008】命令，打开酷狗音乐盒的主界面。

(4) 搜索歌曲。选择【搜索结果】选项，在搜索输入框中输入要搜索的歌曲的名称、歌词的内容或者歌手的名字，然后单击 音乐搜索 按钮或者按 Enter 键，开始进行搜索。例如，在搜索输入框中输入 "yesterday once more"，然后单击 音乐搜索 按钮，显示的搜索的结果如图 8-22 所示。

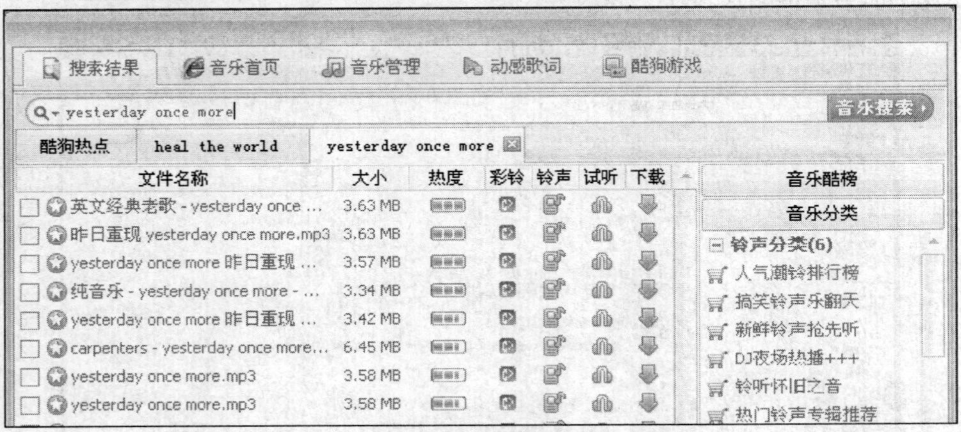

图8-22　搜索歌曲

(5) 试听歌曲。从图 8-22 可以看到，搜索结果中会显示出歌曲的名称、演唱者、文件大小、文件格式、下载热度等信息。一般选择下载热度较高的文件试听，这样下载的速度较快。选中准备试听的歌曲，即单击歌曲左侧的复选框，复选框中出现 "√" 符号，然后单击 "试听" 链接，试听选中的歌曲，如图 8-23 所示。或者在准备试听的歌曲上单击鼠标右键，在弹出的快捷菜单中选择【试听】命令。

图8-23　试听歌曲

(6)　下载歌曲。先选中准备下载的歌曲，选中操作和步骤（5）中选中准备试听歌曲的操作是一致的，然后单击"下载"链接，或者直接双击准备下载的歌曲。或者在准备下载的歌曲上单击鼠标右键，在弹出的快捷菜单中选择"下载"命令，如图 8-24 所示。

图8-24　下载歌曲

【知识拓展】——常见多媒体格式介绍

随着多媒体技术的高速发展和日益普及，给人们的生活带来了翻天覆地的变化。人们对于视听效果的要求比以前要高很多，从最初的幕布电影到高清晰数字电影，到现在为止已有超过 50 种的视频格式和 160 种的音频格式，人们已经走入了一个数字化多媒体时代。有很多较早的媒体格式由于无法满足人们对多媒体质量的要求正在逐渐退隐江湖，而一些新兴的多媒体格式，如 RMVB、MP3 等已成为当今的主流媒体格式。了解一些多媒体知识对用户来说会是很有帮助的。

在 IT 领域，人们所常说的"格式"，通常指文件的格式、数据的输入输出格式、数据的传送格式等。下面介绍几种常见的多媒体格式。

（1）AVI（Audio Video Interleaved）。1992 年微软公司推出了 AVI 技术，AVI 技术的出现使多媒体技术的发展达到了第一个高潮。AVI 又称音频视频交错格式，即将视频和音频交织在一起同步播放。该格式的优点是图像质量好，并独立于硬件设备，可以跨多个平台使用。其缺点一个是体积过于庞大，一个 AVI 文件由视频和音频组成，AVI 的音频采用未压缩的 WAV 格式，而且视频也未经过任何压缩，所以文件非常庞大；另一个缺点是压缩标准不统一，因此经常会遇到高版本 Windows 媒体播放器播放不了采用早期编码编辑的 AVI 格式的视频，而低版本 Windows 媒体播放器又播放不了采用最新编码编辑的 AVI 格式的视频。

媒体播放器推荐：DVDPlayer、TCPMP 等。

（2）MPEG（Moving Picture Expert Group）。MPEG 又称运动图像专家组格式，人们在家看的 VCD、DVD 都是这种格式。MPEG 是运动图像压缩算法的国际标准，它保留相邻两幅画面绝大多数相同的部分，而把后续图像和前面图像有冗余的部分去除，以实现对视频的压缩。目前 MPEG 有 3 个压缩标准，分别是 MPEG-1、MPEG-2、MPEG-4。

MPEG-1 标准，制定于 1992 年，人们所常见的 VCD 采用的就是该标准，这种视频格式的文件扩展名包括.mpg、.mlv、.mpe、.mpeg 及 VCD 光盘中的.dat 文件等。

MPEG-2 标准，制定于 1994 年，这种格式主要应用于 DVD/SVCD 的制作，或者应用于一些高清晰电视广播方面。这种视频格式的文件扩展名包括.mpg、.mpe、.mpeg、.m2v 及 DVD 光盘上的.vob 文件等。

MPEG-4 标准，制定于 1998 年，专门为播放流媒体的高质量视频而设计，它最大的优点在于能够保存接近于 DVD 画质的小体积视频文件。这种视频格式的文件扩展名包括.asf、.mov 和 DivX、AVI 等。

媒体播放器推荐：超级解霸、PowerDVD、MPEGPlayer 等。

（3）RMVB（Real Media Variable Bitrate）。RMVB 是在流媒体的 RM 影片格式上升级延伸而来的，可以根据不同的网络传输速率制定出不同的压缩比率，从而实现在低速率网络上进行多媒体数据的实时传送与播放。RMVB 与 RM 格式最大的不同在于，RMVB 打破了原先 RM 平均压缩采样的方式，对静止和动作场面少的画面场景采用较低的编码速率，这样可以留出更多的带宽空间用于有快读运动的画面场景，保证了画面的质量。

该格式具有文件小，图像质量好，而且可以内置字幕，无须外挂插件支持等优点。

媒体播放器推荐：RealOnePlayer、KMPlayer、暴风影音等。

（4）MP3（MPEG Audio Layer 3）。MP3 是一种有损的音频压缩编码技术。在压缩的过程中，去掉了人耳无法觉察的声音，保留了人耳最为敏感的频段，最大限度地保证了声音的真实效果。比特率越高的 MP3 标准，其压缩的音乐的质量也越高，如 128kbit/s、192kbit/s、256kbit/s 等，当然文件的大小也会相应地增加。

（5）WMA（Windows Media Audio）。WMA 由微软公司推出，其在压缩比和音质方面都超过了 MP3，它以减少数据流量来达到压缩的目的，最大程度地保证音质效果。同样长度的音乐文件，WMA 格式要比 MP3 格式小将近一半。另外，WMA 支撑证书加密，如果未经许可，即使文件被非法复制到本地，也无法播放。

媒体播放器推荐：Windows Media Player、Windows Media Encoder、RealPlayer、Winamp、RealOnePlayer 等。

这么多的多媒体文件格式，着实让人感到头晕，但多媒体文件的发展正朝着更加真实、更加小巧的方向前进着。未来多媒体文件格式的显示质量会更优秀、处理速度会更快、文件体积会更小、操作会更简单。

8.3 个人博客

"博客"一词是从英文单词"Blog"音译而来的，是以 Internet 为基础，简易快捷地发表自己的想法和心得，集丰富多彩的个性化展示于一体的平台。博客的实质是一个网页，网页的内容可以是博客撰写者的一些心得体会，也可以是对时事新闻、国家大事的个人看法，还可以是对一日三餐、外出行动的计划。博客与网络日记的区别在于，博客具有公共性，提供的内容允许所有的 Internet 用户访问浏览。

8.3.1 博客网站

学习工作之余，记录下自己的心情和生活中的点点滴滴，并通过博客与好友们分享，与有共同爱好的朋友们分享。这样既可以找到和自己志同道合的朋友，又可以抒发自己的情怀，是多么有意义的一件事情。博客不受地理位置的限制，全世界的人都可以通过 Internet 来分享自己的心得。但是，现在提供博客服务的网站很多，选择一个好的博客网站对博客的发展会有很大的帮助。

下面推荐几个博客网站，供读者参考。

1. 博客网

博客网原名博客中国，创立于 2002 年 8 月的一个知识门户网站。2003 年底，博客网已经成为全球中文第一博客网站。2005 年 7 月，博客中国正式更名为博客网，图 8-25 所示为博客网主页。

博客网拥有一大批的"精英群体"，在信息力量和引导舆论方向上起到了非常重要的作用，这些精英们的声音正是大众关注的焦

图8-25 博客网主页

点。在多年的积淀下，博客网对于市场以及主流舆论的敏感度是其他网站无法比拟的，这是它最大的魅力所在，也是其能够在各种排名和评价中一直高居榜首的原因。

2. 博客大巴

博客大巴是国内首家商业运作、提供收费服务的中文博客网站。博客大巴定位于"简洁、易用、人性化"的宗旨，它提供了各类风格简洁大方的博客模板，若用户追求更加美观的模板，需自己添加代码对博客的界面进行美化，图 8-26 所示为博客大巴的主页。

图8-26　博客大巴主页

博客大巴的用户多为年轻人，主要集中于在校学生和白领人士。用户可以很容易地在博客大巴上找到有共同话题的人群，准确地把握当前社会时尚的前沿。博客大巴以其个性化的服务、简洁易用的操作、强大实用的功能等特性，在业内取得了良好的口碑和赞誉。

3. QQ 空间

QQ 空间由腾讯公司推出，和传统的博客功能稍有不同，除了可以发布自己的文章，还可以上传自己喜欢的图片，链接动听的音乐。用户可以自己设定空间的背景，添加小挂件，设置神奇花藤、互动等高级功能；也可以随心所欲地更改空间的装饰风格；还可以合成自己喜欢的个性大头贴，并且还有各式各样的皮肤、漂浮物、挂件等大量的装饰品。QQ空间为新新人类提供了全新的网络生活方式，图 8-27 所示为 QQ 空间界面。

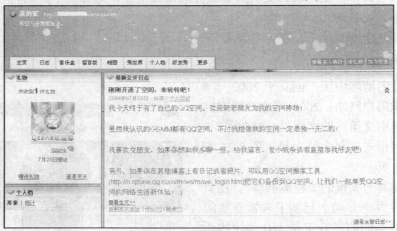

图8-27　QQ 空间界面

国内主要的门户网站如新浪、网易、搜狐等也都提供有免费博客托管服务，但博客托管服务毕竟只是它们众多服务中的一小部分，它们不会把太多的精力投入到博客上，这里就不再详细介绍。刚才给用户推荐的基本都是以博客为生存的网站，它们的专业程度是那些门户网站无法比拟的。

经济条件宽裕的用户可以选择建立个人网站，通过个人网站发布自己的文章、照片、最近的信息等。

8.3.2 注册博客账号

注册博客账号是拥有个人博客的第一步。下面以在博客网建立个人博客为例，介绍注册博客账号的过程。

【操作步骤】

(1) 打开浏览器，输入博客网的网址（http://www.bokee.com），按 Enter 键进入博客网的主页，注册博客账号界面如图 8-28 所示。

(2) 单击博客网主页右上角的"30 秒快速注册"链接，如图 8-28 黑框部分所示，或者单击密码输入框右侧的"注册"链接。

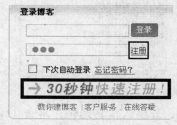

图8-28 注册博客账号

(3) 进入"填写注册信息"页面，如图 8-29 所示。最上侧的是【用户名】输入框，用户名将成为博客域名的一部分，如输入"supergirl001"，则注册的博客域名为 http://supergirl001.bokee.com，用户可直接在浏览器的地址栏中输入博客域名访问博客，然后输入登录密码和电子邮箱。

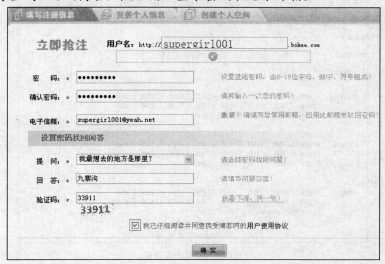

图8-29 填写注册信息

(4) 为了方便用户忘记密码后找回密码，要求用户设置密码找回问题。在【提问】下拉列表框中选择提问的问题，如图 8-30 所示。然后，在【回答】下拉列表框中输入选择问题的答案。最后在【验证码】输入框中输入由 5 位数字组成的验证码。

(5) 图 8-30 中的 7 项内容都是必须填写的，填写完以上 7 项内容后，还需选中【我已仔细阅读并同意接受博客网的用户使用协议】复选框，否则无法进入下一步。

(6) 完成以上内容后，然后单击 确定 按钮，进入确认注册信息界面，如图 8-31 所示。

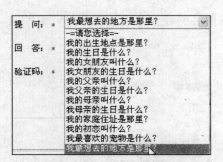

图8-30 选择密码找回问题

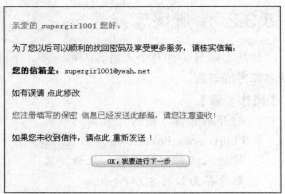

图8-31 确认注册信息

(7) 若确认信息无误，单击 OK，我要进行下一步 按钮，进入【设置个人资料】界面，如图 8-32 所示。

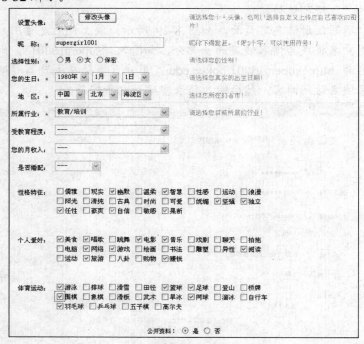

图8-32 填写个人信息

(8) 若用户想上传自己的照片作为头像，可单击 修改头像 按钮，弹出【我的相册】页面，如图 8-33 所示，单击 本地上传新图片 按钮，在弹出的【选择文件】对话框中选择准备上传的照片文件，如图 8-34 所示。

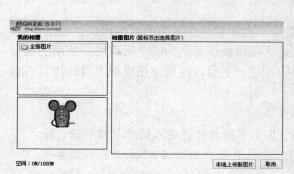

图8-33 本地上传头像

图8-34 选择图片

(9) 头像上传成功后，出现如图 8-35 所示界面，单击 确定 按钮，完成自定义头像上传。

图8-35 头像上传成功

(10) 下面需要填写的信息中，"昵称"、"选择性别"、"您的生日"、"地区"、"所属行业"是必须填写的，其他内容则属于选填。选填部分的内容建议大家尽量完善，因为博客网会根据用户填写的内容，给用户推荐资料最接近的博友。

(11) 若用户不希望其他用户看到自己的个人资料，可选中【公开资料】后面的【否】单选按钮。若选中【是】单选按钮，则其他用户可以通过访问博客看到用户的个人资料内容。

(12) 以上内容都完成后，单击 确定 按钮，进入创建个人空间页面，如图 8-36 所示。

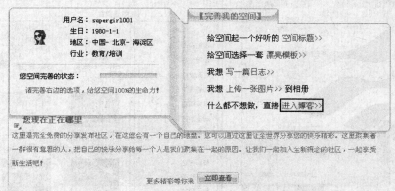

图8-36 创建个人空间

(13) 完成以上操作，也就完成了注册部分的操作，可以单击"进入博客"链接进入博客管理界面。

8.3.3 个人博客管理

为了方便用户掌握博客的使用，博客托管商都会提供一些精美的博客模板供用户使用。一些用户为了省事，直接使用默认模板，但是这些模板毕竟是为满足所有用户需求的通用模板，模板上的很多模块未必是用户所需要的。这一小节，将讲述在模板上设计出具有自己个性的博客界面的方法。

【操作步骤】

(1) 进入博客管理界面。可以继续第 8.3.2 小节的操作，进入博客管理界面。或者从博客网的主页登录，先进入博客公社界面，如图 8-37 所示，然后单击进入blog按钮，进入博客管理界面。

图8-37 博客公社界面

(2) 修改框架。进入博客管理界面后，在首页面板上选择【修改框架】选项卡，在弹出的框架模板列表中选择喜欢的模板框架，如图 8-38 所示。用蓝色突出显示的框架模板是目前正在使用的框架。

(3) 编辑模板。在首页面板上选择【编辑模板】选项卡，在弹出的主题预览列表中，用户可以单击喜欢的主题，即可将对应的主体应用到博客，如图 8-39 所示。博客网提供了 11 类，共 191 个主题供选择。

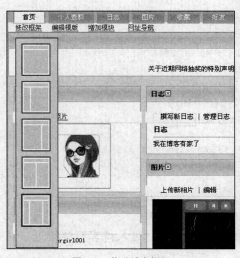

图8-38 修改博客框架

图8-39 编辑模板

(4) 增加模块。在首页面板上选择【增加模块】选项卡，在弹出的模块列表中，用户可以选择想要添加的模块。有些模块为默认模块，已经添加到了博客界面，如个人形象、我的日志、相册等。而有些模块需要用户自己决定是否添加到博客界面，如日历、日志索引、最新访客等模块，在这些模块的右侧都有一个 添加 按钮。用户单击 添加 按钮即可添加模块到博客界面，如图 8-40 所示。

图8-40 增加模块

(5) 应用修改到博客。完成以上对博客外观的修改后，会提示是否保存对博客的修改，如图 8-41 所示。单击 保存 按钮，即可对修改进行保存，并可看到修改后的界面效果。若单击 取消 按钮，则博客界面保持其原始效果。

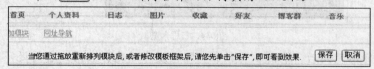

图8-41 保存信息提示

(6) 撰写新日志。在【日志】模块中单击"撰写新日志"链接，如图 8-42 所示。

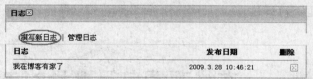

图8-42 撰写新日志

(7) 进入日志撰写界面，如图 8-43 所示。用户需要输入日志的标题，选择日志所属栏目，撰写日志。日志的内容可以包含照片、链接、视频和特殊表情等内容。

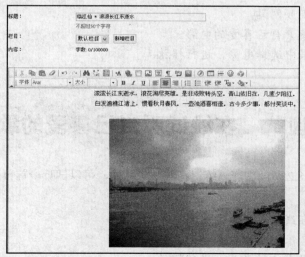

图8-43 撰写日志界面

(8) 日志撰写完成后，用户可以单击界面下侧的 预览 按钮，对写好的日志进行预览，如图 8-44 所示。

临江仙 ＊ 滚滚长江东逝水

滚滚长江东逝水，浪花淘尽英雄。是非成败转头空。青山依旧在，几度夕阳红。
白发渔樵江渚上，惯看秋月春风。一壶浊酒喜相逢。古今多少事，都付笑谈中。

图8-44　日志预览

(9) 确认日志无误后，单击 发布 按钮，即可发布日志。若用户暂时还不想发布日志，可单击 保存为草稿 按钮，先保存为草稿。

以上，主要讲了文本日志的发布，通过博客还可以发布图片、视频、音乐等内容，其操作基本类似，这里不再详述。

实训一　在线观看自己喜爱的电影

本实训要求根据 8.1 节介绍的内容，练习在线观看视频，可以观看一部自己喜爱的电影。

【操作步骤】

(1) 登录在线视频网站。

(2) 在该网站搜索自己喜爱的电影。

(3) 在搜索结果中选择电影，进行播放。

实训二　在线试听自己喜爱的歌曲

本实训要求根据 8.2 节的内容，练习在线试听歌曲，可以试听一首自己喜爱的歌曲。

【操作步骤】

(1) 安装一款在线音乐播放器。

(2) 通过在线音乐播放器搜索自己喜爱的歌曲。

(3) 在搜索结果中选择歌曲，进行播放。

实训三 发表一篇日志

本实训要求根据 8.3 节介绍的内容，练习发布日志，可以随便写点东西发布。

【操作步骤】

(1) 注册自己的博客账号，并登录。

(2) 撰写日志，预览无误后发布。

(3) 通过浏览器，在未登录状态下查看博客的效果，以及日志的内容。

小结

本章介绍了 Internet 提供的娱乐学习功能的一部分，在线观看视频和在线欣赏歌曲，可以让用户在上网学习之余，适当地放松和休息一下。在建立的个人博客上，用户可以发布自己的研究成果，记录自己的心情，还可以向全世界上网用户展示自己。掌握这些基本的网络技能，可以让用户的网络生活更加丰富多彩。

了解一些常用的多媒体格式，可以帮助用户理解播放器的功能，丰富用户的计算机基础知识。

习题

1. 结合实际情况，你还知道哪些网上休闲娱乐活动？

2. 什么是博客？

3. 简述在线视频播放器的功能。

4. 简述在线视频播放器和在线音乐播放器的不同之处。

第9章 网络安全概述

本章主要通过杀毒软件、防火墙以及其他安全类上网辅助工具软件的使用来学习清理病毒、恶意软件和防范黑客攻击的一般方法，以避免系统遭到破坏或者个人信息被窃取而造成不必要的损失。通过本章的学习可以初步了解一些黑客攻击方法的相关知识。

学习目标

了解计算机常见的中毒症状。

掌握杀毒软件的使用方法。

了解防火墙的主要功能。

掌握防火墙的使用方法。

了解各类恶意软件。

了解网络安全辅助软件的使用方法。

9.1 病毒与病毒防范

随着网络的发展，Internet 的开放性和普及程度也在不断地提高。在可以更加便捷地享受 Internet 带来的好处的同时，也出现了另一种景象，网络病毒肆虐、恶意攻击泛滥、恶意软件肆意横行，用户经常可以听到某些上网用户的计算机遭受网络病毒的破害，或者某家网站又被黑客攻击的报道。保障计算机系统的信息安全已成为一个让许多上网用户头疼的问题。因此，学习一些防范病毒和防范攻击的一般方法是十分必要的。

9.1.1 计算机病毒及特征

1994 年 2 月 18 日，我国正式颁布实施的《中华人民共和国计算机信息系统安全保护条例》的第 28 条中给出病毒的定义："计算机病毒，是指编制或者在计算机程序中插入的破坏计算机功能或者毁坏数据，影响计算机使用，并能自我复制的一组计算机指令或者程序代码。"从定义可以看出，计算机病毒是一种由人为编写，具有自我复制能力，未经用户允许就执行，并可以对计算机资源造成破坏的代码。

计算机病毒在植入目标主机后，为保护自己避免被发现，会采取一些措施以隐藏自己。比如，一些病毒以正常程序为宿主，隐藏在正常程序之中，或者感染系统后，并不立即发作，而是长时间地隐藏在系统中，只有满足特定的条件时才启动其破坏模式，或者在感染系统后，立即删除硬盘上的自身源程序，躲入系统内存中，当系统关机时，再生成程序存放在硬盘上。

　　面对如此狡猾的计算机病毒，人们应该如何确定自己的计算机已被病毒侵害了呢？下面介绍一些计算机中毒后的常见症状。

　　（1）计算机运行速度较平时变慢，反应变迟钝，甚至无故地出现蓝屏或者死机的情况。

　　（2）杀毒软件或者防火墙被莫名奇妙地关掉，而且无法再重新启动。

　　（3）程序的载入时间变长。一些病毒能控制系统的启动或程序的载入，当系统启动或者一个应用程序被载入时，这些病毒也将在后台偷偷地执行，以实现其目的，因此需要花费更多的时间载入程序。

　　（4）计算机系统中的文件长度发生变化。正常情况下，文件的长度应该是固定不变的，但当病毒感染文件后，这些文件的长度会被改变。

　　（5）系统无法正常启动。这是因为病毒修改了硬盘的引导信息，或者是删除了某些引导文件。

　　（6）硬盘存储容量异常减少。这是因为一些病毒具有自我复制功能，会占用大量的硬盘空间。

　　（7）没有进行磁盘存取操作，但是磁盘指示灯却一直在亮。这是因为一些病毒在复制或感染文件时会一直读写硬盘，修改硬盘上的文件。

　　（8）文件无法打开。若病毒修改了文件的格式或者修改了文件关联，都可能会造成这种情况，如图9-1所示。

图9-1　文件关联被修改

　　（9）文件名称、扩展名、日期、属性等被更改过。如2008年轰动一时的熊猫烧香病毒，如图9-2所示。

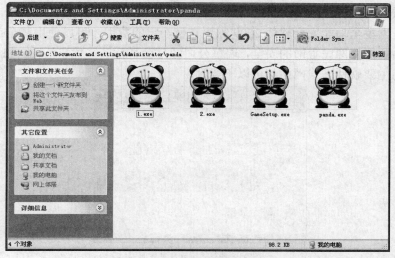

图9-2　熊猫烧香病毒

（10）双击某个硬盘分区时，无法打开或者出现错误提示等异常现象。

（11）网速变得很慢，网页无法打开。这是因为很多病毒和恶意软件都会占用网络带宽，向远程计算机发送数据或者故意占用带宽，所以会导致网速变得很慢。

（12）系统时间被修改。一些病毒通过修改系统时间，使杀毒软件查杀病毒的功能失效。

一旦计算机出现了以上症状，就说明计算机可能是中毒了，需要找"医生"进行诊断治疗。由于现在的计算机病毒采用的技术越来越复杂，通过手工清理病毒需要较高的病毒理论和技术作为基础，对于一般用户来讲比较困难。所幸的是，可以借助杀毒软件来帮助用户解决掉计算机里的病毒。

9.1.2 优秀杀毒软件

杀毒软件又称反病毒软件或安全防护软件，近年来出现了集防火墙于一体的"互联网安全套装"、"全功能安全套装"等名词，都属于杀毒软件一类。杀毒软件的主要作用有保护计算机免受病毒、蠕虫、木马和其他恶意程序的危害，实时监控文件、网页、邮件中的恶意对象等。优秀的杀毒软件可以很有效地保护计算机免受病毒的侵害。

下面推荐几款优秀的杀毒软件供用户参考。

1. 瑞星全功能安全软件 2009

瑞星是我国最早从事计算机病毒防治与研究的企业之一，以研究、开发、生产及销售计算机反病毒产品、网络安全产品和反"黑客"防治产品为主。目前，瑞星公司已经推出基于多种操作系统的单机版和网络版的杀毒软件以及企业防毒墙、防火墙、网络安全预警系统等硬件产品，图 9-3 所示为瑞星杀毒软件主界面。

瑞星是目前国内用户使用量最多的杀毒软件，瑞星全功能安全软件 2009 是瑞星推出的最新版本的杀毒软件，采用"木马病毒强杀"技术，结合"病毒 DNA 识别"、"主动防御"、"恶意行为检测"等技术，可彻底查杀 70 万种木马病毒。经过对数十万种病毒的危险行为进行分析，新设计出的主动防御模块，可以帮助用户轻松有效地应对未知病毒的侵袭。其"账号保险柜"技术可以有效地保护用户的网游、网银、聊天、股票等软件的账号和密码不被黑客窃取。

遗憾的是瑞星全功能安全软件 2009 需要支付一定的费用才可以使用其全部功能。有时为了推广产品和保障网民上网的安全，瑞星公司经常会举行一些优惠活动，如一年免费等，用户到国内的主要软件下载网站都可以下载到。

图9-3　瑞星杀毒软件主界面

2. 江民杀毒软件 KV2009

江民是国内著名的计算机反病毒软件公司之一，以研发和经营单机、网络反病毒软件，单机、网络黑客防火墙，邮件服务器防病毒软件等信息安全产品为主。江民以其雄厚的技术实力，成为第 29 界北京夏季奥运会网络安全技术保障单位，为保障北京奥运会的网络正常运行做出了重要贡献。

江民杀毒软件 KV2009 是江民推出的最新反病毒软件，拥有超过 100 万种（类）的病毒库数量，使狡猾的病毒无处遁形。使用启发式扫描和虚拟机脱壳技术，能够启发扫描 90% 以上的未知病毒。采用"沙盒"技术，一旦发现病毒行为，则会执行"回滚"机制，将病毒执行的动作和留下的痕迹抹去，恢复系统到正常状态。自动检测并修复系统漏洞，阻止病毒通过漏洞传播。强大的自防御体系，有效阻止"驱动级病毒"关闭和破坏杀毒软件的功能，图 9-4 所示为江民杀毒软件 KV2009 的主界面。

江民杀毒软件 KV2009 也需要付费才能使用，免费的仅有 30 天免费试用版可以试用。

图9-4　江民杀毒软件 KV2009 主界面

3. 卡巴斯基反病毒软件 2009

卡巴斯基是一个来自俄罗斯的国际著名信息安全领导厂商，为个人用户、企业网络提供反病毒、防黑客和反垃圾邮件产品。该公司的旗舰产品，也就是本书要介绍的卡巴斯基反病毒软件以其强大的反病毒引擎以及对新病毒的快速响应，成为许多用户选择反病毒软件时的首选，图 9-5 所示为卡巴斯基反病毒软件 2009 主界面。

图9-5　卡巴斯基反病毒软件 2009 主界面

目前，最新版卡巴斯基反病毒软件是卡巴斯基反病毒软件 2009，它采用最尖端的反病毒技术，能实时监控一切病毒可能入侵的途径，应用独有的 iCheckerTM 技术，使处理速度较同类产品提高了近 3 倍，拥有超过 10 万种病毒样本的病毒数据库，每小时常规升级一次。而且它还应用了第二代启发式病毒分析技术识别未知恶意程序代码，成功率达 100%。

遗憾的是也需要向卡巴斯基支付一定的费用，才可以使用卡巴斯基的反病毒软件。在卡巴斯基的官网上提供有卡巴斯基反病毒软件 2009 的 30 天试用版，用户可以安装后免费试用 30 天，体验一下卡巴斯基反病毒软件 2009 给计算机带来的安全保护。

4. Avira AntiVir Personal – Free Antivirus

AntiVir 又称"小红伞"，由德国著名的安全软件公司 H+BEDV 开发。H+BEDV 在反病毒领域已有多年的历史，它的安全产品领域覆盖了工作站、服务器、邮件站等各种网络大型终端，如图 9-6 所示。

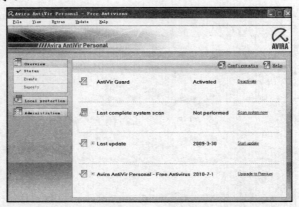

图9-6　Avira AntiVir Personal – Free Antivirus

Avira AntiVir Personal 能够检测和清除超过 60 多万种的病毒，能实时监测各种文件操作，防护大型未知病毒。对病毒的恶意行为反应非常敏感，能及时发现并对那些隐藏较深的恶意网站、流氓软件、木马等病毒发出警报。另外，它对系统资源的消耗非常小，对系统性能的影响也极小。

Avira AntiVir Personal 最大的好处就是它是终身免费的，用户只需在安装的过程中填写一些信息，就可以获得 Avira AntiVir Personal 的使用权限。遗憾的是该软件目前只有德文版和英文版，没有中文版本。

要点提示

　　并不是给计算机安装过杀毒软件后，就万事大吉了。用户还需及时更新杀毒软件的病毒库，否则杀毒软件就无法有效地查杀网络上最新的病毒，安装的杀毒软件也就形同虚设。

9.1.3 杀毒软件的使用

杀毒软件可以帮助用户保护计算机的安全，但是并不是意味着只要安装了杀毒软件就一劳永逸了。还应学会正确地使用杀毒软件的各项功能，才能真正地保护好计算机不受病毒的破坏。本节将以瑞星全功能安全软件 2009 为例，介绍杀毒软件的使用技巧。

【操作步骤】

(1) 安装瑞星全功能安全软件 2009。双击瑞星全功能安全软件 2009 安装程序。进入软件安装界面，如图 9-7 所示。

(2) 选择软件语言。共有"中文简体"、"中文繁体"、"英文"3 种版本可以选择，默认是"中文简体"。单击 确定(0) 按钮，进行下一步。

(3) 进入软件安装向导界面，如图 9-8 所示。直接单击 下一步(N) 按钮，进行下一步即可。

(4) 进入最终用户许可协议界面，如图 9-9 所示。选择【我接受】单选按钮，然后单击 下一步(N) 按钮。

图9-7　瑞星 2009 安装界面

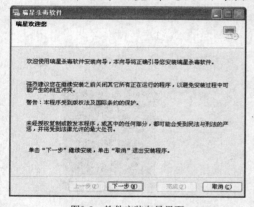

图9-8　软件安装向导界面

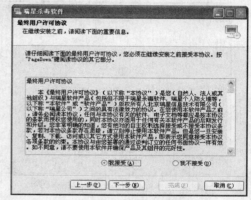

图9-9　最终用户许可协议界面

(5) 进入定制安装界面，如图 9-10 所示。用户可以在树形列表中自定义选择需要安装的模块。默认情况是安装所有的模块，为保障杀毒软件可以发挥最强的杀毒能力，建议用户按照默认设置安装。对于计算机性能不太好的用户，可以把"瑞星资源文件"和"其他组件"取消掉，以节省系统资源。

(6) 用户可以单击 下一步(N) 按钮，进入安装目录设置界面。也可以单击 完成(F) 按钮，直接按照默认的设置进行安装。由于剩余的安装过程和其他软件的安装过程基本相似，这里就直接单击 完成(F) 按钮，进入瑞星全功能安全软件 2009 的安装过程，如图 9-11 所示。

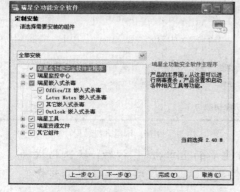

图9-10　定制安装界面

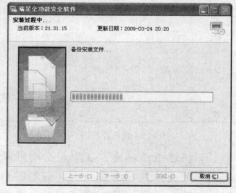

图9-11　安装过程

(7) 安装完成后，要求用户重启计算机以完成安装。单击 完成(F) 按钮，计算机会自动重启，如图 9-12 所示。

(8) 计算机重新启动后，在进入系统之前，瑞星全功能安全软件 2009 会要求用户进行相关的设置，用户按照默认设置即可。

(9) 进入系统后，会先出现瑞星全功能安全软件 2009 的界面，如图 9-13 所示。在屏幕的右下角还会出现一个淘气可爱的瑞星小狮子，如图 9-14 所示。

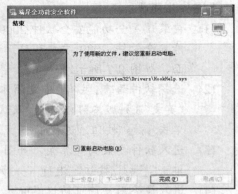

图9-12　安装完成界面

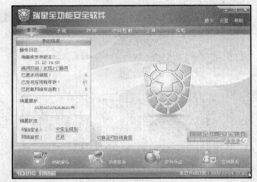

图9-13　瑞星全功能安全软件 2009 主界面

图9-14　瑞星小狮子

(10) 升级杀毒软件的病毒库。单击瑞星全功能软件 2009 主界面的 按钮，对病毒库进行升级。

(11) 弹出升级信息对话框，如图 9-15 所示。如果计算机性能不佳或网络情况不太好，可选择【仅升级病毒库和引擎文件，其他组件暂不更新】复选框，然后单击 继续(C) 按钮。否则，可直接单击 继续(C) 按钮。

(12) 进入瑞星软件智能升级过程，如图 9-16 所示。

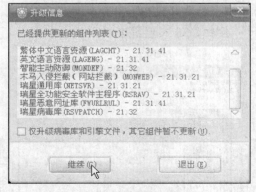

图9-15　选择升级组件

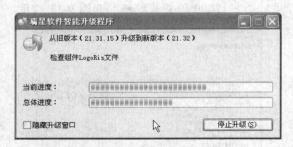

图9-16　瑞星升级过程

(13) 快速查杀病毒。在瑞星全功能软件 2009 主界面上单击 按钮，快速扫描的范围仅包括系统内存、引导区和系统文件夹等区域，这些区域是病毒经常躲藏的地方，检测速度较快，如图 9-17 所示。

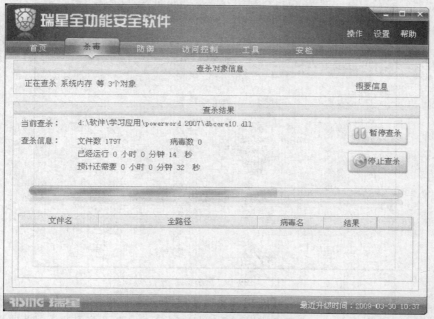

图9-17　快速查杀病毒

(14) 全盘查杀病毒。在软件主界面选择【杀毒】选项卡，进入如图 9-18 所示界面。用户可以在左侧"杀毒目标"的树形列表中选择扫描的范围，选择所有的对象，即可对计算机进行全盘扫描。

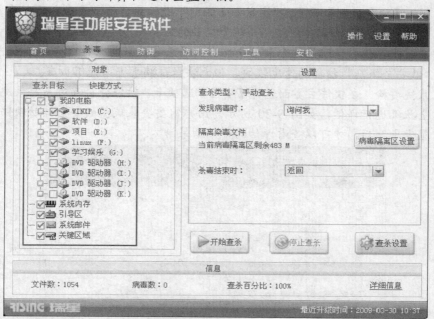

图9-18　选择查杀范围

(15) 查杀设置。单击【杀毒】选项卡中的 查杀设置 按钮，弹出【设置】对话框，如图 9-19 所示。用户还可以对软件进行【监控设置】、【防御设置】、【网络监控】、【升级设置】和【其他设置】，其设置界面都类似，用户可参照【查杀设置】的设置方法对它们进行设置。

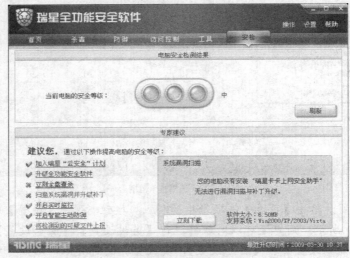

图9-19　查杀设置

【处理方式】设置。【发现病毒时】选择"清除病毒",【杀毒失败时】选择"删除染毒文件",【隔离失败时】选择"清除病毒",【杀毒结束时】选择"推出"。这样的设置可以保证在查杀病毒的过程中,尽量少地与用户进行交互。

【查杀文件类型】设置。默认是对所有文件进行查杀,也可以仅查杀可执行文件,或者自定义查杀文件的类型。

【安全级别】设置。"最高安全级别"进行最全面、最彻底的查杀文件,但要占用大量的系统资源,并耗费较多的时间;"中安全级别"适用于大部分用户,使引擎配置达到最佳平衡点,是杀毒效果与杀毒时间的折中选择。"低安全级别"扫描的速度较快,但无法保证病毒查杀能够彻底。

(16) 系统安检。在软件主界面选择【安检】选项卡,软件会自动对当前系统的安全状况进行评估,如图 9-20 所示。用户需要安装瑞星的安全辅助软件"瑞星卡卡"后,才可以查看评估的详细结果。

图9-20　系统安检界面

要点提示

　　细心的用户在安装杀毒软件时，会发现杀毒软件会建议用户的计算机加入"云安全"计划。"云安全"是由我国企业创造的概念，类似于 P2P 技术，通过大量的客户端对网络中的异常软件行为进行检测，获取互联网中恶意程序的最新信息，然后交送到服务器端进行自动分析和处理，再把解决方案发送到每一个客户端。

　　【知识拓展】——防范病毒的方法

　　（1）插入软盘、优盘或者其他可插拔介质之前，对这些移动介质进行病毒扫描。现在有很多病毒是通过可移动介质进行传播的，及时更新杀毒软件的病毒库，并在使用这些可移动介质前进行查杀，可有效阻止此类病毒的传播。

　　（2）不要轻易打开来历不明邮件的附件或未预期接到的附件，尤其当邮件的名字有诱惑力的时候，更需谨慎。病毒制造者往往把病毒隐藏于电子邮件的附件中，然后给邮件起一些十分有诱惑力的名字，如"美女图片"等，引诱用户下载病毒到计算机。

　　（3）使用其他形式的文档，如.rtf 和.pdf。常见的宏病毒使用 Microsoft Office 程序进行传播，减少使用这些文件类型的机会将降低病毒感染的风险。

　　（4）使用单机防火墙。单机防火墙可以有效地保护用户的隐私并防止不速之客访问用户的系统。如果用户的系统没有加设有效防护，可能会很容易被攻击者攻破，而导致个人信息泄露。

　　（5）不要设置具有完全访问权限的共享。因为局域网内设置具有完全访问权限的共享有很大的安全隐患，既可能被攻击者利用，又可能会引入局域网内其他中毒计算机的攻击。

　　（6）及时更新系统补丁。一款软件难免存在各种漏洞，操作系统也不例外。给系统打上系统补丁后，让攻击者没有可乘之机。

　　（7）不要浏览一些不健康的网站。现在主流的搜索引擎都有恶意网址识别功能，对于搜索引擎提示是恶意网站的网页，更不要浏览。

　　（8）安装影子系统或者给系统做好备份。对于实在无可奈何的病毒，可以使用镜像GHOST 重装系统，简单快捷。

9.2　防火墙

　　古时候，人们居住在木制结构的房屋中，为了避免"城门失火"而"殃及池鱼"，想出了一个办法，在房屋之间砌一堵石块堆成的墙来避免和阻止火势的蔓延，这堵墙被称为"防火墙"。时至今日，人们为了保护自己的计算机免受攻击，又开始使用"防火墙"，不过这些防火墙是由计算机硬件或者软件系统构成的，用来防范网络的攻击。

9.2.1 防火墙及其功能

防火墙是指设置在不同的网络，如可信任的内网和不可信的外网，或者专用网与公共网之间的软硬件系统组合。它可以通过监测、限制通过防火墙到内网的数据流，并尽可能地对外屏蔽网络内部的信息，以此来保障内部网络的安全。通俗地讲，防火墙的作用就好比单位门口的门卫，管理进出单位的人员，防止可疑人员的出入。防火墙在网络中所处的位置如图9-21 所示。

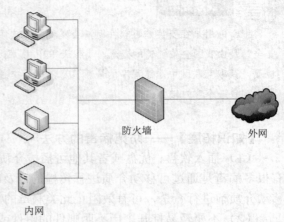

图9-21 防火墙的位置

根据防火墙安装位置的不同，可以将防火墙分为网络防火墙和单机防火墙。

网络防火墙功能全面，可以对网络存取和访问进行监控审计。通过防火墙对内部网络的划分，可实现内部网中重点网段的隔离，从而降低了局部重点网络安全问题对全局网络造成的影响。由于网络防火墙对管理人员的技术水平要求相对较高，需要对网络和网络安全，以及对整个单位的整体安全策略都有比较高的认识。所以，网络防火墙一般由单位或者部门的网络管理员进行管理。

单机防火墙又称个人防火墙。可以对流经它的网络通信进行过滤，以免恶意攻击在目标机器上被执行。可以关闭不使用的端口，从而禁止一些木马常利用的特定端口流出通信。可以禁止来自特殊站点的访问，从而阻止来自不明入侵者的通信。单机防火墙多以软件形式部署在个人计算机上，用来过滤黑客的恶意攻击和隐藏系统的内部信息，一般由计算机系统管理员进行设置和维护。

虽然网络防火墙的功能更强，对计算机的保护能力更高，但由于网络防火墙对技术和资金的要求都较高，并不适用于普通上网用户。所以，普通上网用户只需重点掌握单机防火墙的安装与使用即可。

 要点提示

有的人认为计算机中已经有了杀毒软件，不需再装防火墙。这种看法是错误的，因为杀毒软件和防火墙的功能是不同的，杀毒软件主要用于查杀计算机系统内的病毒或者恶意软件，而防火墙主要用于阻止来自网络的恶意攻击。当然也有杀毒软件上集成了防火墙功能的，如 9.1.3 小节介绍的瑞星全功能安全软件 2009。

9.2.2 优秀单机防火墙

网上免费或者收费的单机防火墙有很多，但功能都大体类似，区别主要在于界面是否够人性化、能否有效地拦截攻击、是否过多地占用系统资源等方面。本小节，将根据目前国内个人防火墙的使用情况，给读者介绍几款优秀的单机防火墙软件。

1. 天网防火墙个人版

天网防火墙个人版是目前国内针对个人用户最好的软件防火墙之一。它对所有来自机器外部的访问请求进行过滤，发现非授权的访问请求后立即拒绝。天网防火墙提供了一系列的通用安全规则，用户也可以根据自己的实际情况，添加、删除、修改安全规则。天网防火墙可以控制应用程序发送和接收数据包的类型、通信端口，并且决定拦截还是通过，这是其他很多软件防火墙所不具备的功能。还可以记录所有被拦截的访问记录，包括访问的时间、来源、类型、代码等内容。但该防火墙需付费后才能使用。图9-22 所示为天网个人防火墙主界面。

图9-22 天网个人防火墙主界面

2. 费尔个人防火墙专业版

费尔个人防火墙专业版是由费尔安全实验室推出的一款优秀的个人防火墙软件。费尔防火墙可以有效地阻止网络蠕虫病毒和网站恶意插件。在应用层和核心层对通过防火墙的数据进行双重过滤。独创的 Windows 信任验证技术可以自动信任安全的程序，增加了程序的智能化。直观的监控表示，使用户对当前计算机的网络活动一目了然，还可以对这些网络活动进行实时控制，有效地阻止色情网站，阻止病毒网站等来自网络的恶意内容。费尔防火墙完全免费。图 9-23 所示为费尔个人防火墙主界面。

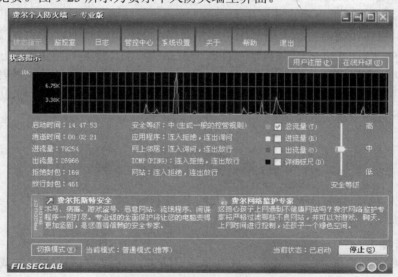

图9-23 费尔个人防火墙主界面

3. 风云防火墙个人版

风云防火墙是一款国产的新兴防火墙软件。风云防火墙个人版以其简约的界面、方便的操作、强大的防护功能受到人们的喜爱。采用 CRC 智能校验技术对应用程序进行校验，一旦发现应用规则程序有任何改动，就会及时地向用户给予提示。在拥有完善的网络防护的同时，加入木马特征码拦截技术，实时收集、分析、预测未来木马技术可能的发展方向。能有效地解决、拦截、修复 ARP 攻击造成的网络掉线等情况。提供密码信息保护和注册监护技术。只需简单注册一下，就可免费使用风云防火墙。图 9-24 所示为风云个人防火墙主界面。

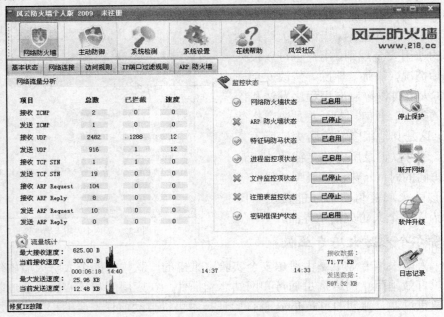

图9-24　风云个人防火墙主界面

除了以上介绍的专业的个人防火墙软件外，不得不提的是 Windows 系统自带的 Windows 防火墙。Windows 防火墙是在 Windows XP SP2 中取代原来 Internet Connection Firewall 的更新版本，具有阻止非法用户通过 Internet 或网络访问受保护计算机的功能，可以通过对应用程序和端口控制来限制应用程序对网络的访问，而且占用系统资源少，和系统的兼容性好。但是 Windows 防火墙存在一个致命的缺陷，就是只防进不防出，也就是说对于来自网络的数据，防火墙会自动进行过滤，而对于从计算机内部流出的数据则不进行过滤。这将导致 Windows 防火墙无法拦截具有反向连接功能的木马传输数据，以致 Windows 防火墙的安全防护功能大大下降。

9.2.3　天网防火墙的使用

天网防火墙是当前国内使用量最大的软件防火墙，本节以天网防火墙个人版 V3.0.0.1015 为例，介绍单机防火墙的使用。

【操作步骤】

(1)　下载并安装天网防火墙个人版到本地计算机。用户可以到官方下载地址：http://pfw.sky.net.cn/download.html，或者到软件下载网站下载。下载完成后，直接双击天网防火墙的安装程序，安装过程完成后，重启计算机即可运行天网防火墙。

(2)　启动防火墙的控制面板。重启计算机后，双击桌面右下角的图标，弹出防火墙的控制面板，如图 9-25 所示，该界面详细显示了防火墙拦截数据的记录，每条记录从左到右分别为时间、数据报来源 IP 地址、数据报类型、本机通信端口、对方通信端口。

需要注意的是，并不是所有被拦截的数据包都意味着计算机正在被攻击。有些正常的数据包可能由于 IP 规则设置问题，而被防火墙拦截下来并且报警。

(3) 在防火墙的控制面板中单击 按钮，进入防火墙系统设置面板的【基本设置】选项卡，如图 9-26 所示。

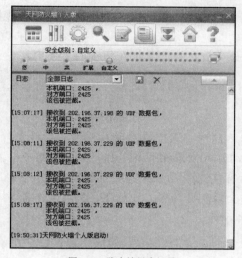

图9-25　防火墙日志记录

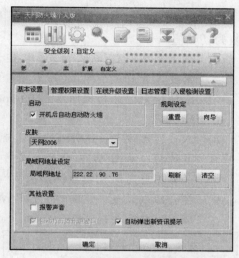

图9-26　【基本设置】选项卡

(4) 启动设置。选中【开机后自动启动防火墙】复选框，如图 9-27 所示，天网防火墙会在操作系统启动后自动启动，否则需要手工启动天网防火墙。

(5) 选择皮肤。天网防火墙提供了"经典风格"、"天网 2006"、"深色优雅" 3 种风格皮肤可以选择，如图 9-28、图 9-29 所示。在【皮肤】下拉列表中选中皮肤后，单击面板中的 确定 按钮即可生效。

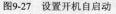

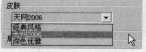

图9-27　设置开机自启动　　　图9-28　设置皮肤　　　　　图9-29　3 种皮肤样式

(6) 重置防火墙自定义规则，如图 9-30 所示。当用户对自己设定的安全规则感觉不满意时，可以选择把防火墙的安全规则进行重置，这样防火墙的安全规则将返回到安装时的默认规则。单击面板中的 重置 按钮，弹出提示信息界面，如图 9-31 所示。

图9-30　重置防火墙规则

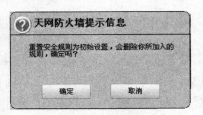

图9-31　提示信息

如果选择　确定　按钮，防火墙会把用户添加或者修改的规则全部删除掉，把安全规则恢复为初始值。

(7) 设置局域网 IP 地址，如图 9-32 所示。如果用户的计算机在局域网里使用，需要设置好这个地址，防火墙会以这个地址来区分局域网或者 Internet 的 IP 来源。

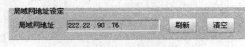

图9-32　局域网地址设定

(8) 入侵检测设置。选择【入侵检测设置】选项卡，选中【启动入侵检测功能】复选框，如图 9-33 所示。在防火墙启动时入侵检测开始工作，检测到可疑的数据包时防火墙会弹出入侵检测提示窗口。

(9) 安全级别设置。软件的主界面预设的安全级别分为低、中、高、扩展 4 个等级，默认的安全等级为中级，如图 9-34 所示。

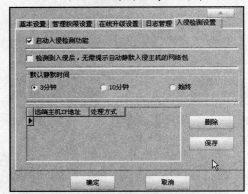

图9-33　入侵检测设置

图9-34　安全级别设置

(10) 应用程序规则设置。在天网防火墙个人版运行的情况下，任何应用程序只要有发送或者接收数据报的动作，都会被天网防火墙个人版截获后进行分析，然后弹出警告信息界面，询问是允许还是禁止，如图 9-35 所示。

若用户选中【该程序以后都按照这次的操作运行】复选框，天网防火墙个人版在以后拦截到该应用程序的数据包时，不会再弹出警告信息界面。否则，当天网防火墙个人版拦截到该应用程序的数据包时，会继续截获数据包，并弹出警告信息界面。

图9-35　应用程序规则设置

【知识链接】——安全级别的几个等级

❖ **【低】**：所有的应用程序初次访问网络时都将询问，已经被认可的程序则按照设置的相应规则运作。将允许局域网内部的计算机访问自己提供的各种服务（文件、打印机服务），但禁止互联网上的机器访问这些服务，适用于局域网中提供服务的用户。

❖ **【中】**：与"低"安全级别相比，将禁止访问系统级别的服务（如 HTTP、FTP 等）。局域网内部的计算机只允许访问文件、打印机共享服务。使用动态规则管理，允许授权运行的程序开放端口服务，适用于普通的上网用户。

❖ **【高】**：与"中"安全级别相比，将禁止局域网内部和互联网上的机器访问自己提供的网络共享服务，局域网内部和互联网上的机器将无法看到本机器，除了已被认可的程序打开的端口，系统会屏蔽掉向外部开放的所有端口。

❖ **【扩展】**：基于"中"级安全级别再配合一系列专门针对木马和恶意软件的扩展规则，可以防止木马和恶意软件打开端口鉴定甚至开放未许可的服务。

❖ **【自定义】**：如果用户了解各种网络协议，可以自己设置规则。但需要注意的是设置规则不当会导致无法访问网络。

【知识拓展】——黑客常用的攻击方法

黑客原指热心于计算机技术，水平高超的计算机专家，尤指程序设计人员。这些黑客为网络安全的发展做出了不少贡献。但近年来出现了很多的黑客软件，进而产生了一些伪黑客，他们只会简单地使用这些黑客软件，并到处入侵破坏，危害网络的安全，给人们带来了巨大的经济和精神损失。

下面就来研究一下那些黑客找到计算机中的安全漏洞的方法。只有了解了他们的攻击手段，才能采取准确的对策对付这些黑客。

（1）获取用户口令。获取用户口令一般有 3 种方法：一是通过网络监听非法得到用户口令，这类方法只能监听局域网内用户的账号和口令；二是在知道用户的账号后，使用暴力破解软件，对用户的口令进行暴力破解，对那些简单的口令，如 123456，abcdef 等，暴力破解软件可以在几秒钟内得到结果。

（2）使用木马程序。木马程序分为服务器端程序和客户端程序两个部分。木马程序通过直接入侵用户的计算机，或者伪装成其他文件安装到被攻击的计算机后，攻击者就可以使用客户端程序控制被攻击的计算机，然后通过服务器端程序窃取被攻击计算机上的资料、密码等信息。

（3）网络钓鱼。用户在利用 IE 等浏览器访问各种 Web 站点时，可能不会想到正在访问的网页已经被黑客篡改过，网页上的信息是虚假的。例如，黑客将用户要浏览的网页替换为黑客的网页，当用户在向目标网站提交个人信息时，其实是把自己的信息提交给了黑客。

（4）电子邮件攻击。电子邮件攻击主要表现为两种方式：一是电子邮件炸弹和电子邮件"滚雪球"，即使用伪造的 IP 地址和电子邮件地址向目标邮箱发送大量的内容重复、无用的垃圾邮件，致使目标邮箱被撑爆而无法使用；二是电子邮件欺骗，即把木马程序放在邮件的附件中，一旦用户查看了附件，就不知不觉地运行了木马程序。

（5）通过一个节点来攻击其他节点。黑客在突破一台主机后，往往以此主机作为跳板，再攻击其他的主机，这样可以隐蔽其入侵路径，避免留下证据，也可以使用网络监听方法，尝试攻破同一网络内的其他主机，还可以通过 IP 欺骗和主机信任关系，攻击其他计算机。

（6）利用系统漏洞。许多网络系统都存在漏洞，漏洞本来并不可怕，但是有居心叵测的人对这些漏洞虎视眈眈就比较危险了。黑客可以利用这些漏洞完成密码探测、系统入侵的攻击。

9.3　网络安全辅助软件

杀毒软件用来查杀病毒和木马，防火墙用来防范黑客攻击，网络安全辅助软件可以用来做什么呢？

9.3.1　网络安全辅助软件及其功能

从 2005 年开始，以弹出广告、篡改浏览器首页、劫持浏览器等为目的的恶意软件开始在网络上肆意横行，这些恶意软件未经用户允许强制安装、难以卸载、恶意收集用户信息，严重影响着网络的安全，很多上网用户深受其害，图 9-36 所示为恶意软件与病毒、木马的区别。

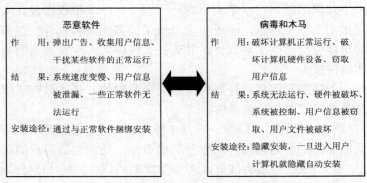

图9-36　恶意软件与病毒、木马的区别

恶意软件可以分为以下几类，如表 9-1 所示。

表 9-1　　　　　　　　　　　　　　　　　　恶意软件类型

软件类型	软件作用
广告软件	未经用户允许，下载并安装到用户计算机上；或与其他软件捆绑，通过弹出式广告等形式牟取商业利益的程序
间谍软件	用户不知情的情况下，在用户计算机上安装后门，收集用户信息的程序
浏览器劫持软件	通过对浏览器插件、浏览器辅助对象等形式对用户浏览器进行篡改，强制用户访问其网页的程序
恶意共享软件	采用诱骗或者试用陷阱等手段强迫用户注册，或在软件内捆绑恶意插件，未经允许安装到用户计算机中的程序

杀毒软件对于清除恶意软件并不是十分有效，为解决恶意软件的肆虐猖狂，各个安全厂商相继推出了清除恶意软件的专业工具，恶意软件的泛滥势头得到了有效的遏制。随着反恶意软件的发展，它们的功能都不再仅仅局限于恶意软件清理，还集成了更多的与安全相关的辅助功能，如木马查杀、系统漏洞修补、注册表/IE 修复等，人们将这类软件称为网络安全辅助软件。

9.3.2 网络安全辅助软件推荐

这两年来，网络安全辅助软件快速发展，各种各样的安全辅助软件迅速涌出。有些软件要求用户对系统的工作机制比较了解，对系统的进程较熟悉，如 Sreng、冰刃等。也有一些使用较简单，可以自动清理恶意软件等功能的安全辅助软件，如 360 安全卫士、完美卸载、Windows 清理助手、瑞星卡卡、金山清理专家。本小节将给用户推荐几款自动清除恶意软件能力比较强的安全辅助软件。

1. 360 安全卫士

360 安全卫士（http://www.360.cn）是国内最受欢迎的免费安全软件，它拥有查杀恶意软件、查杀木马、弹出插件免疫、使用痕迹清理、应用程序管理、启动项管理等特定的辅助功能。图 9-37 所示为 360 安全卫士主界面。

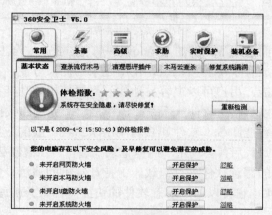

图9-37　360 安全卫士主界面

360 安全卫士外观界面美观简洁，布局合理，各个功能都通过选项卡分门别类地分布在不同的界面中，用户可以很容易地找到需要使用的功能模块。360 安全卫士还提供了自主特色的实时保护功能，包括了恶评插件入侵拦截、网页防漏及钓鱼网站拦截、U 盘病毒免疫、局域网 ARP 攻击拦截、系统关键位置防护 5 大项。

总体而言，360 安全卫士以其易用性好，功能丰富，满足了普通用户和高级用户的不同使用需要，恶意软件检测和清除能力十分突出，实时监控功能也比较全面和强大，已成为上网用户不可缺少的软件之一。

2. 完美卸载

完美卸载（http://www.killsoft.cn）又称系统维护的瑞士军刀。它拥有安装监视、智能卸载、闪电清理、闪电修复、广告截杀、垃圾清理、注册表修复、驱动管理、内存管理、文件加密、文件粉碎、系统优化、系统保护、网络防火墙、磁盘修复等 20 多种强大的功能。图 9-38 所示为完美卸载主界面。

图9-38　完美卸载主界面

完美卸载的外观界面采用了传统的 Windows 窗口，与 360 安全卫士采用的标签页不同，完美卸载在界面的左侧放置了功能按钮组，使用起来同样很方便。在程序的主界面上，列出了完美卸载的主要功能，用户可以很容易地找到需要使用的功能模块。卸载功能是完美卸载最拿手的，为了可以将恶意软件从系统中连根拔起，完美卸载提供了 3 种卸载方式：软件卸载、专业卸载和智能卸载。软件卸载功能用来卸载一般的应用程序，它的特点在于在完成制定软件的正常卸载后，会利用"监视记录"进行"二次卸载"；专业卸载功能可以有针对性地对目前流行的恶意软件进行卸载，保持计算机的清洁；智能卸载功能可以卸载没有提供卸载程序的软件，它可以通过恶意软件的快捷图标来分析恶意软件的可知性文件，然后找到卸载的方法。

总体而言，完美卸载同样十分易用，对于恶意软件的卸载能力十分突出，系统垃圾的清理能力也十分出色。完美卸载的功能还涉及网络安全、系统优化等方面，不仅可以用来维护系统安全，还可以对系统进行优化。

3. Windows 清理助手

Windows 清理助手（http://www.arswp.com/index.html）是 Windows 系统的专业清理工具。具有查杀恶意软件、系统诊断、清理系统垃圾等功能。

Windows 清理助手的界面同样十分简洁，操作简单，如图 9-39 所示。Windows 清理助手的界面可以分为两种模式：简洁模式和高级模式。简洁模式下，整个界面仅有 3 个功能按钮，快速扫描、系统诊断、论坛求助。高级模式下，也仅多了清理相关和推荐工具两个按钮，另外就是用户可以对扫描的范围、强度进行设置。

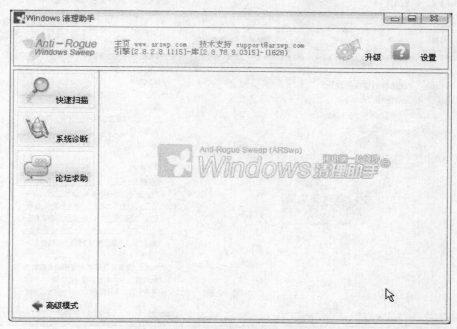

图9-39 Windows 清理助手主界面

总体而言，Windows 清理助手对于恶意软件的清理功能是十分强大的，许多 360 安全卫士无法清除的恶意软件，Windows 清理助手可以轻轻松松地把它从系统中清除掉。Windows 清理助手提供的系统诊断功能适合于高级用户的使用。Windows 清理助手以其朴实、专业的特色深受用户的喜爱。

以上推荐的 3 款网络安全辅助软件，在查杀恶意软件的功能上是重复的，但用户在使用过程中，可以同时使用 3 款软件进行查杀，这样效果会更好。这 3 款的其他特色功能都是互补的，相信对用户维护系统会十分有用。

9.3.3 360 安全卫士的使用

对于经常上网的用户来说，360 安全卫士应该是比较熟悉的网络安全辅助软件，目前最新版本为 5.0 版。360 安全卫士以其简洁的界面、人性化的按钮设计、友好的操作提示，让人很快就可以掌握其使用方法，这是它能够迅速在国内安全软件市场立足的重要原因之一。本小节就以 360 安全卫士 V5.0 为例，介绍一下网络安全辅助软件的使用。

【操作步骤】

(1) 启动 360 安全卫士。安装完成后，在桌面双击 360 安全卫士的快捷图标，或者选择【开始】/【所有程序】/【360 安全卫士】命令，启动 360 安全卫士。360 安全卫士启动后会自动将上次对当前系统的安装状态和安全措施的检测结果显示出来，如图 9-40 所示。用户可单击 按钮，对系统的当前状况进行"体检"。

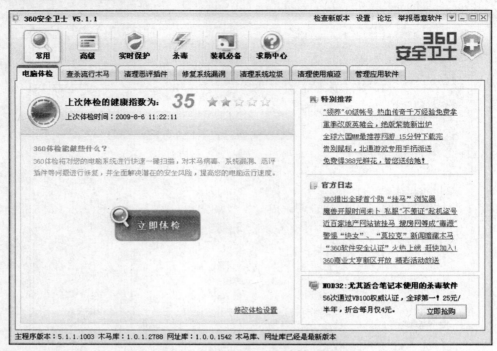

图9-40　360安全卫士 V5.0 主界面

(2)　查杀流行木马。查杀木马是奇虎在安全卫士 V3.5 版本中推出的新功能，能够查杀目前网络上流行的绝大多数木马。选择【常用】/【查杀流行木马】选项卡，有"快速扫描木马"、"自定义扫描木马"、"全盘扫描木马" 3 种扫描方式可以选择，如图 9-41 所示。第一次运行的时候，建议用户选择"全盘扫描木马"，全面检查系统中是否存在木马。

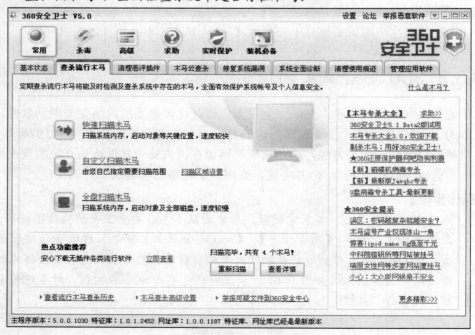

图9-41　查杀流行木马

(3)　处理扫描结果。扫描完成后，扫描结果将显示在界面下方的列表中，用户可以在扫描结果中全选或者只选择某几项，然后单击 立即查杀 按钮清除选定的木马，如图 9-42 所示。如果有较顽固的木马无法清除，可单击 强力查杀 按钮，对木马进行强力删除。若仍无法掉木马，可使用其他的安全辅助软件试试。

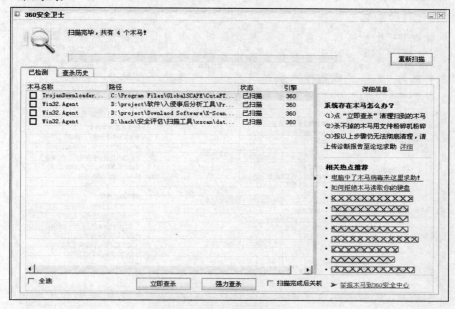

图9-42　查杀木马结果

(4)　清理恶评软件。清理恶评软件是 360 安全卫士最大的特色，360 安全卫士正是以这个功能迅速在安全辅助软件领域占据了领头羊的位置。选择【常用】/【清理恶评软件】选项卡，单击 开始扫描 按钮，如图 9-43 所示。

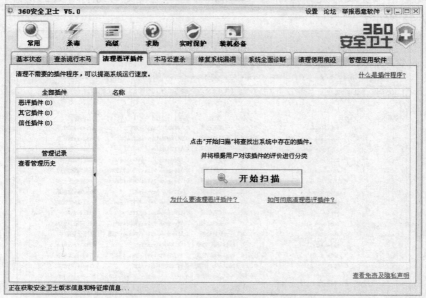

图9-43　清理恶评插件

(5) 处理扫描结果。扫描结束后，扫描结果会分为 3 类：恶评插件、其他插件和信任插件。用户可以把自己认为是可信任的插件选中（即把扫描结果中插件名称前的复选框打上对勾），然后单击 信任选中插件 按钮，把插件列为可信任插件。对于需要清除的插件，用户先把需要清除的插件选中，然后单击 立即清理 按钮即可，如图 9-44 所示。对于一些较顽固的恶评插件在卸载后可能需要重新启动系统。

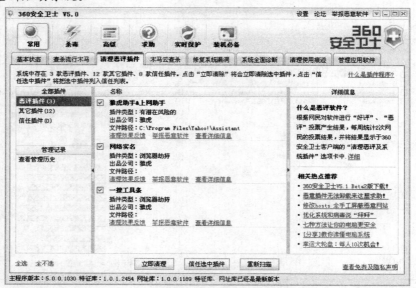

图9-44　恶评软件扫描结果

(6) 木马云查杀。木马云查杀是基于"云安全"理念实施的，可以用来检测系统内的未知木马，一旦在系统中发现可疑文件，便自动将可疑文件上报，360安全中心会及时反馈诊断结果，用户可自行选择是否进行有效的清理，如图9-45 所示。

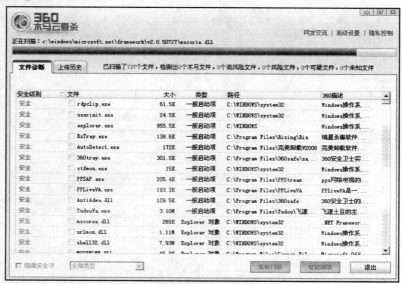

图9-45　木马云查杀过程

(7) 修复系统漏洞。该功能可以检测出系统中存在的漏洞，缺少的补丁，并给出漏洞的严重级别，提供补丁的下载和安装，漏洞的解决方案。选择【常用】/【修复系统漏洞】选项卡，程序界面会显示扫描结果。对于系统中存在的安全风险，用户可根据 360 安全卫士给出的解决方法进行处理，如图 9-46 所示，该系统的 guest 账号未被禁用，用户可直接单击 管理系统帐号 按钮，然后按照 360 安全卫士给出的解决方法禁用 guest 账号。

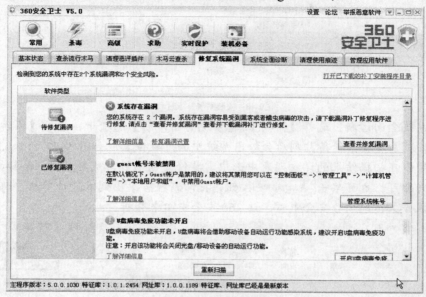

图9-46 修复系统漏洞

(8) 查看并修复漏洞。单击 查看并修复漏洞 按钮，弹出【360漏洞修复】窗口，扫描的漏洞将根据微软发布的漏洞补丁时间排序，并且表明各种漏洞的严重程度。单击对应的补丁，可查看该条漏洞的详细信息，如图 9-47 所示。

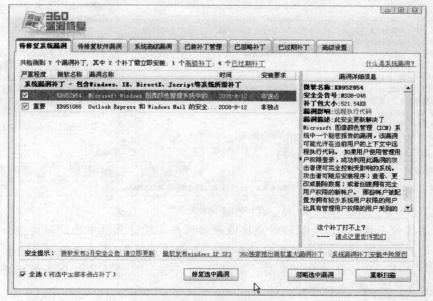

图9-47 【360漏洞修复】窗口

(9) 选中需要安装的补丁，单击 修复选中漏洞 按钮，便开始下载所选补丁，并在下载完成后自动开始安装，如图 9-48 所示。

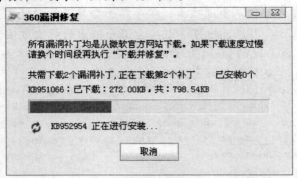

图9-48　安装系统补丁过程

(10) 系统全面诊断。选择【常用】/【系统全面诊断】选项卡，进入【系统全面诊断】界面，等待片刻后会给出系统中的可疑位置，如图 9-49 所示。用户可以在扫描结果的详细列表中选中需要修复的项目，然后单击 修复选中项 按钮即可。也可单击 导出诊断快照 按钮，把诊断报告导出到本地计算机，将诊断报告上传到 360 安全中心，让 360 安全中心来分析。

图9-49　系统全面诊断

(11) 清理使用痕迹，该功能可以快捷地帮助用户清理计算机中的垃圾文件和上网时产生的痕迹，以保护用户的私隐。选择【常用】/【清理使用痕迹】选项卡，进入清理使用痕迹界面，如图 9-50 所示。然后选中需要清理的项目，单击 立即清理 按钮即可。

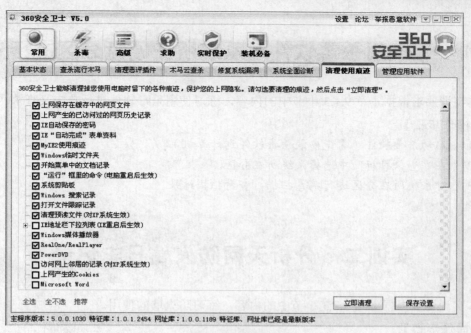

图9-50 清理使用痕迹

(12) 管理应用软件，该功能类似于系统自带的"添加/删除程序"功能。选择【常用】/【管理应用软件】选项卡，找到准备卸载的软件，然后单击 🗑 卸载软件按钮，即可卸载对应的软件，如图 9-51 所示。

图9-51 管理应用软件

定期使用网络安全辅助软件对系统进行清理，不仅可以及时发现系统存在的漏洞，维护系统安全。还可以清理系统中积攒的垃圾文件，优化系统的运行速度。

实训一　使用杀毒软件对系统所在硬盘分区进行查杀

本实训要求根据本章 9.1.3 小节中的内容，练习使用杀毒软件进行自定义查杀。

【操作步骤】

(1)　启动杀毒软件（需先安装杀毒软件到计算机）。

(2)　在"查杀目标"中选择系统所在分区。

(3)　对系统所在分区进行病毒扫描，查看扫描结果。

实训二　分析天网防火墙日志记录

本实训要求根据本章 9.2.3 小节中的内容，练习防火墙的使用。

【操作步骤】

(1)　启动天网个人防火墙（需先安装天网个人防火墙到计算机），进入天网个人防火墙日志记录界面。

(2)　启动 QQ 程序，与好友通信。

(3)　查看天网防火墙的日志记录，确定通信好友的 IP 地址。

实训三　使用 360 安全卫士清理 IE 地址栏下拉列表

本实训要求根据本章 9.3.3 小节中的内容，练习 360 安全卫士的使用。

【操作步骤】

(1)　启动 360 安全卫士（需先安装 360 安全卫士到计算机），进入 360 安全卫士清理使用痕迹界面。

(2)　选择"IE 地址栏下拉列表"项，然后进行清理。

(3)　打开 IE 浏览器，查看清理效果。

小结

本章介绍了上网时必不可少的安全软件、杀毒软件、个人防火墙、网络安全辅助软件。针对目前网络上病毒猖獗、攻击泛滥、恶意软件横行的情况，配合使用杀毒软件、个人防火墙、网络安全辅助软件可以有效地维护系统的安全，保障用户个人信息的安全。掌握这

3 类软件的使用，是用户能够放心上网的基础，也是计算机出现非硬件故障时，排除故障的有效途径。

了解一些防范病毒的基本方法和黑客攻击的基本方法，一方面，可以有效地预防病毒和黑客攻击；另一方面，对进一步了解 Internet 有很大的帮助。

习题

1. 什么是计算机病毒？
2. 简述计算机病毒的一些常见症状。
3. 简述防火墙的定义和功能。
4. 简述个人防火墙与网络防火墙的区别。
5. 恶意软件有哪几种？它们有什么症状？
6. 什么样的软件是网络安全辅助软件？